Core Data

core data

[德] Florian Kugler　Daniel Eggert　著

徐　涛　钱世家　王　巍　译

电子工业出版社
Publishing House of Electronics Industry
北京·BEIJING

内 容 简 介

本书向读者介绍使用 Core Data 时需要特别注意的事项,这将帮助读者避开使用 Core Data 这个十分灵活且异常强大的框架时的一些陷阱。我们从一个简单的应用例子开始,逐步将其扩展为包含关系、高级数据类型、并发、同步以及其他很多特性的完整例子,并在这个过程中对所有这些主题进行讲解。在本书后半部分,我们还会超出这个基本应用所需要涉及的范围,将知识点深入扩展到 Core Data 幕后的工作原理上。我们会学习如何获取高性能、不同 Core Data 设置之间的权衡,以及如何对 Core Data 代码进行调试和性能测试。

本书所有的代码都使用 Swift 编写,我们也展示了如何将 Swift 的语言特性融入 Core Data 中,并写出优雅和安全的代码。我们希望读者在阅读本书的时候有一定的 Swift 和 iOS 开发基础,不过相信不论是新人还是富有经验的开发者,都能从本书中找到实用的信息和设计模式。

未经许可,不得以任何方式复制或抄袭本书之部分或全部内容。

版权所有,侵权必究。

图书在版编目(CIP)数据

Core Data / (德)佛罗莱恩·库格勒(Florian Kugler),(德)丹尼尔·埃格特(Daniel Eggert)著;徐涛,钱世家,王巍译.—北京:电子工业出版社,2016.9
ISBN 978-7-121-29459-4

I. ① C… II. ① 佛… ② 丹… ③ 徐… ④ 钱… ⑤ 王… III. ① 移动终端－应用程序－程序设计 IV. ① TN929.53

中国版本图书馆 CIP 数据核字(2016)第 170663 号

策划编辑:张春雨
责任编辑:王　静
印　　刷:三河市双峰印刷装订有限公司
装　　订:三河市双峰印刷装订有限公司
出版发行:电子工业出版社
　　　　　北京市海淀区万寿路 173 信箱　邮编:100036
开　　本:787×980　1/16　印张:15.75　字数:328 千字
版　　次:2016 年 9 月第 1 版
印　　次:2016 年 9 月第 1 次印刷
定　　价:69.00 元

凡所购买电子工业出版社图书有缺损问题,请向购买书店调换。若书店售缺,请与本社发行部联系,联系及邮购电话:(010)88254888,88258888。
质量投诉请发邮件至 zlts@phei.com.cn,盗版侵权举报请发邮件至 dbqq@phei.com.cn。
本书咨询联系方式:(010)51260888-819　faq@phei.com.cn。

译序

在 20 世纪 60 年代，导航式数据库的概念随着磁盘直接存取而发展起来；从 70 年代开始，关系型数据库登上历史舞台，它的概念一直延续至今。我们无法想象现代的计算机程序中离开了数据库会是怎样的景象，数据库技术已经成了这个世界方方面面的基石。

在数据管理和数据库相关的方面，Apple 给出的选择是 Core Data。正如在简介中所提到的那样，Core Data 其实并不是一个传统意义上的数据库，而是一套对象图管理系统。这套系统默认使用 SQLite 作为底层存储，通过由低向高地将相关的管理组件构建为一个栈，来提供缓存和对象管理机制。这让我们对于数据对象的存储和访问都能够高效而有序地进行。从这一点上来说，Core Data 与单纯的数据库相比，实在是强大得多。

但是能力越大，责任也越大。如果使用不当，那么 Core Data 不但不能为你提供良好的数据存储和访问的性能，甚至会连最基本的操作都难以保证。在这种情况下，Core Data 将不再是你开发的助力，反而会成为掣肘。不幸的是，Core Data 本身学习曲线比较陡峭，而涉及的概念又非常多，所以真正想要精通 Core Data 并完全发挥它的效能并不是很容易的事情。

Apple 在 iOS 的很多原生应用中大量使用了 Core Data，比如照片、音乐和 iBooks 等，并且事实证明它们都出色地完成了任务。在国外，也有很多开发者使用 Core Data 作为应用程序的数据层和持久化的选择。相比其他第三方的解决方案，Core Data 不需要引入额外的框架，也相对稳定可靠。但是在国内，现在使用这项技术的开发者较少，大家对 Core Data 的研究也普遍没有国外深入，这导致了提到 Core Data 很多人会不自觉地抗拒和躲避。将 Core Data 的使用方法和最佳实践以更容易理解的方式带给国内开发者，促进大家接触 Core Data 的架构和思想，这正是我们选择翻译本书的目的。

本书的结构和阅读方法在前言中会有所说明，这里就不再赘述了。需要补充的是，本书里提供了大量的例子和相应的代码，它们大多是需要进行权衡的选择，并对应了不同的场景。只有在你充分理解这些例子的含义后，你才可能在实际使用时做出正确的判断。另外，Core Data 的灵活性是一把双刃剑，当你选择了更多的上下文以及协调器时，也意味着你为项目引入了更多的复杂度。尽可能在能够满足需求的前提下，选择最简单的 Core Data 栈设置，是高效、正确使用 Core Data 的关键。

本书原著的两位作者有着多年的 Core Data 使用经验。Florian Kugler[1] 是 objc.io 的联合创始人，曾经为 objc.io 撰写了很多 Core Data 相关的文章，深受读者喜爱。Daniel Eggert[2] 曾供职于 Apple，帮助 Apple 将照片应用迁移到 Core Data 框架内。他们的努力让 Core Data 这个看起来有些"可怕"的框架变得平易近人，借此我们可以一窥 Core Data 的究竟。不过不论是原作者还是译者，其实和各位读者一样，都只不过是普通开发者中的一员，所以本书出现谬漏可能在所难免。如果你在阅读时发现了问题，可以通过出版社联系我们，我们将及时研究并加以改进。

最后，祝你阅读愉快。

徐　涛

钱世家

王　巍

---

[1] *https://twitter.com/floriankugler*
[2] *https://twitter.com/danielboedewadt?lang=en*

前言

Core Data 是 Apple 为 iOS、OS X、watchOS 和 tvOS 而设计的对象图管理 (object graph management) 和数据持久化框架。如果你的 App 需要存储结构化的数据,那么 Core Data 是一个显而易见的方案:它是现成的,Apple 仍然在积极地维护它,而且它已经存在超过 10 年了。Core Data 是一个成熟、经过实践检验的代码库。

然而 Core Data 最初会让人有一些困惑:它非常灵活,但是 API 的最佳实践却并非显而易见。换句话说,本书的目标是帮助读者快速入门 Core Data。我们希望提供给读者一系列包括从简单到高级的使用场景中的最佳实践,这样你可以充分利用 Core Data 的能力而又不会迷失在一些不必要的复杂性中。

比如,Core Data 经常被诟病难以在多线程环境中使用。其实 Core Data 的并发模型非常明确和一致。如果正确使用,那么它可以帮助你避免许多并发编程中一些固有的陷阱。其他的复杂性并不是由 Core Data 引入的,它们的根源其实是并发本身。我们会在第 9 章中对其进行深入研究,另外我们还会实际演示一个后台同步方案的例子。

除此之外,Core Data 也经常被吐槽性能糟糕。如果你像使用关系型数据库那样来使用 Core Data,那么你会发现与直接使用类似 SQLite 这样的数据库相比,Core Data 的性能开销会很高。但如果把 Core Data 当成一个对象图管理系统来正确使用,那么得益于内建的缓存和对象管理机制,它在很多方面实际上反而更快。此外,抽象级别更高的 API 可以让你专注于优化 App 里关键部分的性能,而不是从头开始来实现如何持久化。在本书中,我们会介绍保持 Core Data 高性能的最佳实践,并在专门讲性能以及性能分析的章节中探讨如何解决 Core Data 的性能问题。

本书使用 Core Data 的方式

本书展示了如何在实际例子中使用 Core Data,而不仅仅是简单地对 API 手册进行一些扩展。我们有意专注于完整例子的最佳实践。根据我们的经验,正确地组合使用 Core Data 的各个部分往往是最大的挑战。

此外，本书还深入解释了 Core Data 内部的运作原理。了解 Core Data 这个灵活框架可以帮助你做出正确的决定，同时能让你的代码保持简单易懂。特别是当遇到并发和性能问题时，这一点尤为重要。

示例代码

你可以在 GitHub 上[1]找到一个完整的示例程序的源代码。我们在本书中很多地方都将用这个示例程序来演示 Core Data 在较大的项目中面临的挑战和相应的解决方案。

请注意该示例程序代码有时会和本书前面的一些章节中的示例程序有所不同。因为示例项目是最终形态的完整的代码，而本书前面章节中描述的是该示例程序早期、简单阶段的代码。

结构

在本书的第一部分，我们会创建一个简单版本的应用程序，来演示如何使用 Core Data 以及 Core Data 的基本工作原理。即使早期的示例对读者来说可能相当容易，但我们仍然建议读者浏览本书的这些部分，因为后面更复杂的例子是建立在前面介绍的最佳实践和技术基础之上的。我们还想告诉你的是，即便在简单的应用场景中，Core Data 也会非常有用。

第二部分则着重深入介绍 Core Data 各个部分是如何一起协作的。我们会仔细探讨当以不同方式访问数据时会发生什么，我们也会对插入或者操作数据时发生的情况进行研究。这部分所覆盖的内容会比写一个简单的 Core Data 应用程序所必要得多，这些方面的知识在处理更大或更复杂的情况时可以派上用场。在此基础上，我们将以性能方面的考量来对这个部分进行总结。

第三部分从描述一个用来保持本地数据与网络服务一致的通用同步架构开始，然后我们会深入探讨如何在 Core Data 中同时使用多个托管对象上下文 (managed object context)。我们提出设置 Core Data 栈的不同方案，并讨论了它们的优缺点。在第 9 章里，介绍了如何应对同时使用多个上下文带来的额外复杂性。

第四部分涉及一些高级的主题，比如高级的谓词 (predicate)、搜索和文本排序、如何在不同的数据模型版本之间迁移数据，以及分析 Core Data 栈的性能时所需要的工具和技术等。这部分中有一章是从 Core Data 视角介绍有关关系数据库和 SQL 查询语言的基本知识的。如果你不熟悉这些内容，那么这些章节能对你有所帮助，特别是可以让你理解 Core Data 潜在的性能问题，以及解决这些问题所需要的分析技术。

---

[1] *https://github.com/objcio/core-data*

关于 Swift 的一些说明

贯穿本书，我们所有的示例都使用 Swift 编写。我们拥抱 Swift 的语言特性——比如泛型、协议以及扩展——它们能让我们更优雅、简单、安全地使用 Core Data 的 API。

用 Swift 表示的最佳实践和设计模式同样也适用于 Objective-C 的代码。在实现上，由于语言上的不同，或许在某些方面会稍有不同，但是底层的原则是相通的。

可选值的约定

Swift 提供了 `Optional` 数据类型，这迫使我们显式地思考和处理没有值的情况。我们非常喜欢这个功能，所以我们在所有的例子里都使用了它。

因此我们尽量避免使用 Swift 的 `!` 操作符来强制解包 (包括用它来定义隐式解包类型的用法)，在我们看来这是一种坏代码的味道，因为它破坏了我们使用可选值类型所带来的类型安全。

唯一的例外是那些必须设置但又无法在初始化时设置的属性。比如 Interface Builder 的 `outlets` 或必要的代理 (delegate) 属性等。在这些情况下，使用隐式解包的可选值符合"尽早崩溃"原则：我们会立刻知晓这些必须要设置而又没有正确设置的属性。

错误处理的约定

Core Data 中许多方法会抛出错误。基于它们是不同类型的错误这一基本事实，我们可以分类处理这些错误。我们将区分逻辑错误和其他错误。

逻辑错误是指程序员犯错的结果。它们应该从代码层面上修复而不应该尝试动态恢复程序的运行。

举一个例子，当你尝试读取应用程序包里的一个文件时，因为应用程序包是只读的，那么一个文件要么存在，要么不存在，而且它的内容永远不会变。所以如果我们无法打开或者解析应用程序包里的文件，那么这就是一个逻辑错误。

对于这些类型的错误，我们使用 Swift 的 `try!` 或 `fatalError()` 来尽可能早地让应用程序崩溃。

同样的思想可以适用于 `as!` 操作符的强制类型转换：如果我们知道一个对象必须是某种类型，转换失败的唯一原因会是逻辑错误，那么在这种时候我们实际上是希望应用程序崩溃的。

很多时候我们用 Swift 的 guard 关键字来更好地表达哪些地方出错了。例如 fetched results controller 返回的类型是 NSManagedObject 的对象，我们知道它必须是一个特定的子类，我们使用 guard 来保证向下转换，并在出错的时候使用 fatal error 来中止程序：

```
func objectAtIndexPath(indexPath: NSIndexPath) -> Object {
    guard let result = fetchedResultsController.objectAtIndexPath(indexPath)
        as? Object else
    {
        fatalError("Unexpected object at \(indexPath)")
    }
    return result
}
```

对于可恢复的非逻辑性错误，我们使用 Swift 的错误传递方法：抛出 (throw) 或者重新抛出 (rethrow) 这些错误。

Florian

Daniel

目录

I Core Data 基础　1

第 1 章　初探 Core Data　2

1.1　Core Data 架构　2

1.2　数据建模　4

　　实体和属性　5

　　托管对象子类　6

1.3　设置 Core Data 栈　7

1.4　显示数据　9

　　获取请求　11

　　Fetched Results Controller　13

1.5　操作数据　19

　　插入对象　19

　　删除对象　22

1.6　总结　26

　　重点　26

第 2 章　关系　27

2.1　添加 Country 和 Continent 实体　27

　　子实体　31

2.2　创建关系　33

　　　　其他类型的关系　35

　　　　建立关系　36

　　　　关系和删除　41

　2.3　适配用户界面　43

　2.4　总结　48

　　　重点　48

第 3 章　数据类型　49

　3.1　标准数据类型　49

　　　　数值类型　49

　　　　日期　50

　　　　二进制数据　50

　　　　字符串　51

　3.2　原始属性和临时属性　51

　　　　原始属性　51

　　　　临时属性　52

　3.3　自定义数据类型　52

　　　　自定义值转换器　52

　　　　自定义存取方法　56

　3.4　默认值和可选值　59

　3.5　总结　60

　　　重点　60

II　理解 Core Data　61

第 4 章　访问数据　62

　4.1　获取请求　62

　　　　对象惰值　64

　　　　获取请求的结果类型　67

　　　　批量获取　69

　　　　异步获取请求　70

　4.2　关系　70

　4.3　其他取回托管对象的方法　71

　4.4　内存考量　72

　　　　托管对象及其上下文　72

　　　　关系的循环引用　73

　4.5　总结　74

　　　　重点　74

第 5 章　更改和保存数据　76

　5.1　变更追踪　76

　5.2　保存更改　78

　　　　验证　80

　　　　保存冲突　82

　5.3　批量更新　82

　5.4　总结　84

　　　　重点　84

第 6 章　性能　86

　6.1　Core Data 栈的性能特质　86

　　　　详解性能　87

　6.2　避免获取请求　89

　　　　关系　89

　　　　搜索特定的对象　91

　　　　类似单例的对象　93

　　　　小数据集　96

　6.3　优化获取请求　96

　　　　对象排序　96

避免多个、连续的惜值　97

批量获取　98

Fetched Results Controller　99

关系预加载　99

索引　100

6.4　插入和修改对象　102

6.5　如何构建高效的数据模型　103

6.6　字符串和文本　106

6.7　独家秘诀的可调参数　106

6.8　总结　107

III 并行和同步　109

第 7 章　与网络服务同步　110

7.1　组织和设置　110

项目结构　111

7.2　同步架构　112

7.3　上下文属主　113

线程、队列和上下文　113

7.4　响应本地更改　115

7.5　响应远程更改　119

7.6　更改处理器　119

上传 Moods　120

7.7　删除本地对象　123

7.8　分组和保存更改　123

7.9　扩展同步架构　125

跟踪每个属性的更改　125

链接更改处理器　125

　　　　　自定义网络代码　126

第 8 章　使用多个上下文　128

　8.1　Core Data 和并发　128

　　　　　在不同的上下文之间传递对象　130

　　　　　合并更改　132

　8.2　Core Data 栈　134

　　　　　两个上下文，一个协调器　134

　　　　　两个协调器　136

　　　　　嵌套上下文的设置　137

　8.3　总结　144

　　　　　重点　145

第 9 章　使用多个上下文的问题　146

　9.1　保存冲突　146

　　　　　预定义的合并策略　147

　　　　　自定义合并策略　148

　9.2　删除对象　153

　　　　　两步删除法　154

　　　　　传播删除　156

　9.3　唯一性约束　157

　9.4　总结　159

IV　进阶话题　161

第 10 章　谓词　162

　10.1　一个简单的例子　162

　　　　　使用谓词　163

　10.2　用代码来创建谓词　164

　10.3　格式字符串　165

　　　　　比较　166

　　　　　可选类型值　167

　　　　　日期　168

　　10.4　合并多个谓词　168

　　　　　常量谓词　170

　　10.5　遍历关系　171

　　　　　子查询　171

　　10.6　匹配对象和对象 ID　172

　　10.7　匹配字符串　173

　　　　　字符串和索引　175

　　10.8　可转换的值　175

　　10.9　性能和排序表达式　176

　　10.10　总结　177

第 11 章　文本　178

　　11.1　一些例子　178

　　11.2　搜索　179

　　　　　字符串标准化　180

　　　　　高效搜索　182

　　11.3　排序　183

　　　　　一种简单的方法　183

　　　　　更新一个已排序的数组　184

　　　　　持久化一个已排序的数组　188

　　11.4　总结　189

　　　　　重点　189

第 12 章　数据模型版本以及迁移数据　190

　　12.1　数据模型版本　190

　　12.2　数据迁移的过程　192

　　　　　自动数据迁移　193

　　　　　手动数据迁移　194

　　12.3　推断的映射模型　201

　　12.4　自定义映射模型　202

　　　　　自定义实体映射策略　204

　　12.5　数据迁移和用户界面　206

　　12.6　测试数据迁移　209

　　　　　调试数据迁移时的输出　210

　　12.7　总结　210

　　　　　重点　211

第 13 章　**性能分析**　**212**

　　13.1　SQL 调试输出　212

　　　　　获取请求　213

　　　　　填充惰值　217

　　　　　保存数据　218

　　13.2　Core Data Instruments　219

　　13.3　线程保护　222

　　13.4　总结　222

第 14 章　**关系型数据库基础和 SQL**　**223**

　　14.1　一个嵌入式数据库　223

　　14.2　数据表、列以及行　224

　　14.3　数据库系统的结构　225

　　　　　查询处理器　225

　　　　　存储管理器　226

　　　　　事务管理器　226

　　　　　数据和元数据　226

　　14.4　数据库语言 SQL　227

    排序　228
  14.5　关系　229
    一对一关系　229
    一对多关系　230
    多对多关系　230
  14.6　事务　231
  14.7　索引　232
  14.8　日志　232
  14.9　总结　233

Core Data 基础

第 1 章 初探 Core Data

在本章中，我们将创建一个简单的使用 Core Data 的示例程序。在这个过程中，我们会介绍 Core Data 的基本架构以及在此场景下如何正确使用它。当然，本章提到的方方面面都有更多值得一谈的内容。不过请放心，后面我们会详细回顾这些内容。

本章会介绍这个示例程序中与 Core Data 相关的所有方面的内容。请注意这并不是一个从头开始一步步教你如何创建整个应用的教程。我们推荐你看一下在 GitHub 上完整的代码[1]来了解在实际项目中不同的部分。

这个示例应用程序包括一个简单的 table view 和底部的实时摄像头拍摄的内容。拍摄一张照片后，我们从照片中提取出它的一组主色。然后存储这些配色方案(我们称其为"mood")，并相应地更新 table view，如图 1.1 所示。

1.1 Core Data 架构

为了更好地理解 Core Data 的架构，在我们开始创建这个示例应用之前，让我们先来看一看它的主要组成部分。在本书第二部分中会详细介绍所有这些部分是如何协同工作的。

一个基本的 Core Data 栈由四个主要部分组成：托管对象 (managed objects)(NSManagedObject)、托管对象上下文 (managed object context) (NSManagedObjectContext)、持久化存储协调器 (persistent store coordinator) (NSPersistentStoreCoordinator)，以及持久化存储 (persistent store) (NSPersistentStore)，如图 1.2 所示。

托管对象位于这张图的最上层，它是架构里最有趣的部分，同时也是我们的数据模型——在这个例子里，它是 Mood 类的实例们。Mood 需要是 NSManagedObject 类的子类，这样它才能与 Core Data 其他的部分进行集成。每个 Mood 实例表示了一个 mood，也就是用户用相机拍摄的照片。

---

[1]*https://github.com/objcio/core-data*

图 1.1　示例应用程序——"Moody"

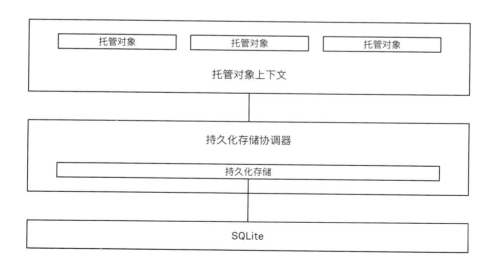

图 1.2　Core Data 栈的基本组成部分

我们的 mood 对象是被 Core Data **托管**的对象。也就是说，它们存在于一个特定的上下文 (context) 里：即托管对象上下文。托管对象上下文记录了它管理的对象，以及你对这些对象的所有操作，比如插入、删除和修改等。每个被托管的对象都知道自己属于哪个上下文。Core Data 支持多个上下文，但是我们先别好高骛远：先像本章中最简单的设置这样，只使用一个单独的上下文。

上下文与持久化存储协调器相连，协调器位于持久化存储和托管对象上下文之间，正如其名，它起到协调者的作用。和上下文类似，你也可以使用多个持久化存储和持久化存储协调器的组合。不过你很少需要这么做。现在，我们只会使用一个上下文、一个持久化存储协调器和一个持久化存储。

持久化存储协调器是位于 Core Data 栈正中间的一个黑盒对象，通常你不会和它直接打交道。但是它又是一个非常重要的部分，在本书的第 4 章中会详细讨论有关持久化存储协调器的内容。

最后一部分就是持久化存储了，它是持久化存储协调器的一部分 (一个 NSPersistentStore 实例与一个特定的协调器相绑定)，负责在底层数据存储中存储或读取数据。大多数时候，你会使用 SQLite 作为持久化存储，它依赖于广泛使用的 SQLite 数据库[1]，在磁盘上存储数据。Core Data 也提供其他存储类型 (比如 XML、二进制数据、内存) 的选项，但是现在我们不需要考虑其他的存储类型。

1.2 数据建模

Core Data 存储结构化的数据。所以为了使用 Core Data，我们首先需要创建一个数据模型 (或者是大纲 (schema)，如果你乐意这么叫它) 来描述我们的数据结构。

你可以通过代码来定义一个数据模型。但是使用 Xcode 的模型编辑器创建和编辑 .xcdatamodeld 文件会更容易。在你开始用 Xcode 模板创建新的 iOS 或 OS X 应用程序时，可以在 File > New 弹出的菜单里的 Core Data 部分中选择 "Data Model" 来创建一个数据模型。如果你在第一次创建项目时勾选了 "Use Core Data" 这个选项，那么 Xcode 将为你创建一个空的数据模型。

事实上，你并不需要通过勾选 "Use Core Data" 选项来使用 Core Data——相反，我们建议你不要这么做，因为我们之后会把生成的模板代码都删掉。

如果你在 Xcode 的 project navigator 里选中了数据模型文件，Xcode 的数据模型编辑器就会打开，我们就可以开始工作了。

---

[1]*https://en.wikipedia.org/wiki/SQLite*

实体和属性

实体 (entity) 是数据模型的基石。正因为如此，一个实体应该代表你的应用程序里有意义的一部分数据。例如，在我们的例子里，我们创建了一个叫 Mood 的实体，它有两个属性：一个代表颜色，一个代表拍摄照片的日期。按照惯例，实体名称以大写字母开头，这和类的名称的命名方式类似。

Core Data 自身就支持很多数据类型：数值类型 (整数和不同大小的浮点数，以及十进制数值)、字符串、布尔值、日期、二进制数据，以及存储着实现了 NSCoding 协议的对象或者是提供了自定义值转换器 (value transformer) 的对象的可转换类型。

对于 Mood 实体，我们创建了两个属性：一个是日期类型 (被称为 date)，另一个是可转换类型 (被称为 colors)。属性的名称应该以小写字母开头，就像类或者结构体里的属性一样。colors 属性是一个数组，里面都是 UIColor 对象，因为 NSArray 和 UIColor 已经遵循了 NSCoding 协议，所以我们可以把这样的数组直接存入一个可转换类型的属性里，如图 1.3 所示。

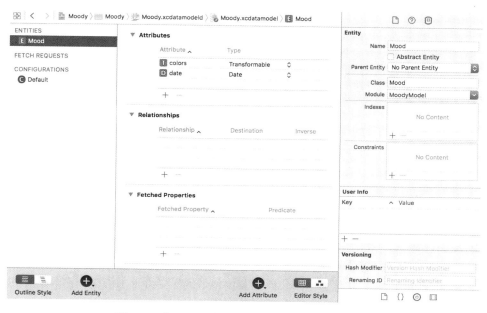

图 1.3 在 Xcode 模型编辑器里的 Mood 实体

属性选项

两个属性都有更多的一些选项可以让我们调整。我们把 date 属性标记为必选的 (non-optional) 和可索引的 (indexed)。colors 数组也标记为必选属性。

必选属性必须要赋给它们恰当的值，才能保存这些数据。把一个属性标记为可索引时，Core Data 会在底层 SQLite 数据库表里创建一个索引。索引可以加速这个属性的搜索和排序，但代价是插入数据时性能下降和需要额外的存储空间。在我们的例子里，我们会以 mood 对象的时间来排序，所以把 date 属性标记为可索引是有意义的如图 1.4 所示。本书会在第 6 章中深入探讨这个主题。

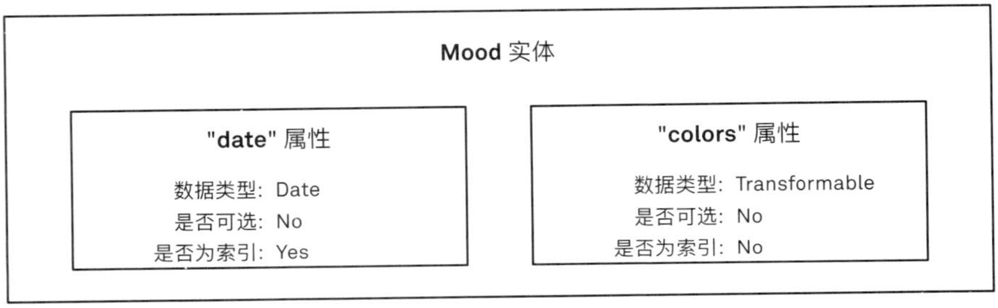

图 1.4　Mood 实体的属性

托管对象子类

现在我们已经创建好了数据模型，我们需要创建代表 Mood 实体的托管对象子类。实体只是描述了哪些数据属于 mood 对象。为了在代码中能使用这个数据，我们需要一个具有和实体里定义的属性们相对应的属性的类。

一个好的实践是按它们所代表的东西来命名这些类，并且不用添加类似 Entity 这样的后缀。比如，我们的类直接叫 Mood 而不是 MoodEntity。实体和类都叫 Mood，非常完美。

对于创建类，建议不要使用 Xcode 的代码生成工具 (Editor > Create NSManagedObject Subclass...)，而是直接手写它们。到最后，你会发现，每次只需要写很少几行代码，就能完全掌控它们的好处。此外，手写代码还会让整个流程变得更加清楚，你会发现其中并没有什么魔法。

我们的 Mood 实体在代码里是像这样的：

```
public final class Mood: ManagedObject {
    @NSManaged public private(set) var date: NSDate
    @NSManaged public private(set) var colors: [UIColor]
}
```

它的父类 ManagedObject 只是一个继承至 NSManagedObject 的空的子类:

```
public class ManagedObject: NSManagedObject {
}
```

我们需要 ManagedObject 这个父类的唯一原因是要满足 Swift 中的泛型类型约束的工作方式。我们在后面遇到相关内容的时候还会提到这个问题，现在你可以简单地认为它和 NSManagedObject 是等价的。

修饰 Mood 类属性的 @NSManaged 标签告诉编译器这些属性将由 Core Data 来实现。Core Data 用一种很不同的方式来实现它们，在本书第二部分里会详细谈论这部分内容。private(set) 这个访问控制修饰符表示这两个属性都是公开只读的。Core Data 其实并不强制执行这样的只读策略，但我们在类中定义了这些标记，于是编译器将保证它们是公开只读的。

在我们的例子里，没有必要将之前提到的属性标记为公开可写。我们会创建一个辅助方法来插入以特定值创建的新的 mood 对象，之后我们就再也不会修改这些值了。所以一般而言，最好的做法是，只有当你真正需要的时候，才把对象里的属性和方法公开地暴露出来。

为了能让 Core Data 识别我们的 Mood 类，并把它和 **Mood** 实体相关联，我们在模型编辑器里选中这个实体，然后在 data model inspector 里输入它的类名。因为我们用了 Swift 的模组 (module)，所以我们还需要选中这个定义的模组。

1.3 设置 Core Data 栈

现在我们有第一个版本的数据模型和 Mood 类了，可以开始设置一个基本的 Core Data 栈了。我们暴露了如下的方法来创建主托管对象上下文。我们会在整个 App 里都使用这个上下文:

```
private let StoreURL = NSURL.documentsURL
    .URLByAppendingPathComponent("Moody.moody")

public func createMoodyMainContext() -> NSManagedObjectContext {
    let bundles = [NSBundle(forClass: Mood.self)]
```

```
    guard let model = NSManagedObjectModel
        .mergedModelFromBundles(bundles)
        else { fatalError("model not found") }
    let psc = NSPersistentStoreCoordinator(managedObjectModel: model)
    try! psc.addPersistentStoreWithType(NSSQLiteStoreType, configuration: nil,
        URL: StoreURL, options: nil)
    let context = NSManagedObjectContext(
        concurrencyType: .MainQueueConcurrencyType)
    context.persistentStoreCoordinator = psc
    return context
}
```

让我们一步步地分析上面的代码。

首先，我们获取了托管对象模型所在的 bundle。这里我们调用了 NSBundle(forClass:) 方法，这样一来，就算我们把代码移动到了另一个模组里，它也同样能够工作。然后我们调用了 NSManagedObjectModel 的辅助方法 mergedModelFromBundles(_:) 来加载数据模型。这个方法会搜索指定 bundle 里的模型，并将它们合并成一个托管对象模型。由于这里只有一个模型，所以它只会简单加载那一个。

接下来，我们创建了持久化存储协调器。在用对象模型初始化它之后，我们给它添加了类型为 NSSQLiteStoreType 的持久化存储。存储的位置是由私有的 StoreURL 常量指定的，它指向 documents 目录里的 **Moody.moody** 文件。如果数据库已经存在于这个路径，那么它会被打开；否则，Core Data 会在这个位置创建一个新的数据库。

addPersistentStoreWithType(_:configuration:URL:options:) 方法可能会抛出错误，所以我们需要显式地处理它。或者可以使用 try! 关键词，如果发生错误，那么这会导致一个运行时错误。在我们的例子里，我们使用了 try! 关键词，因为并没有什么可行的方法能从这种错误中恢复。

最后，我们使用 .MainQueueConcurrencyType 选项创建了托管对象上下文，并把协调器赋值给这个上下文的 persistentStoreCoordinator 属性。.MainQueueConcurrencyType 表示这个上下文是绑定到主线程的，也就是我们处理所有 UI 交互的地方。我们可以从 UI 代码的任何地方安全地访问这个上下文和其中的托管对象。我们会在第 8 章中介绍更多关于这部分的内容。

因为我们把所有的模板代码都封装到了一个简洁的辅助方法里，我们可以在应用程序代理 (application delegate) 里通过一个简单的 createMoodyMainContext() 方法调用来初始化主上下文：

```
class AppDelegate: UIResponder, UIApplicationDelegate {
    let managedObjectContext = createMoodyMainContext()
    // ...
}
```

1.4　显示数据

现在我们已经初始化好 Core Data 栈了，接下来我们可以使用在应用程序代理里创建的托管对象上下文来查询我们需要显示的数据了。

为了方便在 view controller 里使用这个托管对象上下文，我们在应用程序代理里把这个上下文对象传递给第一个 view controller，然后通过它再传递给视图层次里的其他 view controller。我们通过定义一个协议来让这种组织方式表现得更明显：

```
protocol ManagedObjectContextSettable: class {
    var managedObjectContext: NSManagedObjectContext! { get set }
}
```

现在我们让视图层次里的第一个 view controller 实现这个协议：

```
class RootViewController: UIViewController, ManagedObjectContextSettable {
    var managedObjectContext: NSManagedObjectContext!
    // ...
}
```

最后，我们可以在应用程序代理给实现了这个协议的 root view controller 设置上下文对象：

```
func application(application: UIApplication,
    didFinishLaunchingWithOptions launchOptions: [NSObject: AnyObject]?)
    -> Bool
{
    // ...
    guard let vc = window?.rootViewController
        as? ManagedObjectContextSettable
        else { fatalError("Wrong view controller type") }
```

Core Data　9

```
    vc.managedObjectContext = managedObjectContext
    // ...
}
```

与此类似，我们把托管对象上下文从 root view controller 传递给了实际需要这个上下文来展示数据的 table view controller。因为我们的示例项目使用了 Storyboard，我们可以通过挂钩 (hook) view controller 的 prepareForSegue(_:sender:) 的方法来实现这个需求：

```
override func prepareForSegue(segue: UIStoryboardSegue,
    sender: AnyObject?)
{
    switch segueIdentifierForSegue(segue) {
    case .EmbedNavigation:
        guard let nc = segue.destinationViewController
                as? UINavigationController,
            let vc = nc.viewControllers.first
                as? ManagedObjectContextSettable
            else { fatalError("wrong view controller type") }
        vc.managedObjectContext = managedObjectContext
    }
}
```

这个模式和我们在应用程序代理里做的非常类似，不同的是现在我们需要先遍历 navigation controller 来拿到 MoodsTableViewController 实例，它遵从了 ManagedObjectContextSettable 协议。

如果你对 segueIdentifierForSegue(_:) 这个方法的由来感到好奇，可以参考 WWDC 2015 的 Swift in Practice[1] 这个 session，我们参考了里面的这个模式。这是在 Swift 里使用协议扩展 (protocol extension) 的绝好例子，它让 segue 变得更加显式，还可以让编译器检查我们是否处理了所有的情况。

为了展示 mood 对象——虽然我们现在还没有数据，我们可以先剧透一点——我们会使用 table view 与 Core Data 的 NSFetchedResultsController 的组合来显示数据。这个类会监听我们数据集的变化，然后以一种非常容易就可以更新对应的 table view 的方式来通知我们这些变化。

---

[1] *https://developer.apple.com/videos/wwdc/2015/?id=411*

获取请求

顾名思义，一个获取 (Fetch) 请求描述了哪些数据需要被从持久化存储里取回，以及它们是如何被取回的。我们会使用获取请求来取回所有的 Mood 实例，并把它们按照创建时间进行排序。获取请求还可以设置非常复杂的过滤条件，并只取回一些特定的对象。事实上，由于获取请求如此复杂，后面会再详细讨论这些内容。

需要指出的重要一点是：每次你执行一个获取请求，Core Data 会穿过整个 Core Data 栈，直到文件系统。按照 API 约定，获取请求就是往返的：从上下文，经过持久化存储协调器和持久化存储，降入 SQLite，然后原路返回。

虽然获取请求是强有力的工具，但是它们需要做很多的工作。执行一个获取请求是一个相对昂贵的操作。我们会在第二部分里详细讨论具体原因以及如何避免掉这些开销。现在，我们只要记住，要慎重地使用获取请求，因为它们可能是一个潜在的性能瓶颈。通常，我们可以通过遍历关系来避免使用获取请求，本书后面还会提到这些内容。

再回到我们的例子里。这里演示了我们如何创建一个获取请求来从 Core Data 里取回所有的 Mood 实例，并按它们的创建时间降序排列 (我们很快会整理这部分代码)：

```
let request = NSFetchRequest(entityName: "Mood")
let sortDescriptor = NSSortDescriptor(key: "date", ascending: false)
request.sortDescriptors = [sortDescriptor]
request.fetchBatchSize = 20
```

这个 entityName 参数是我们的 **Mood** 实体在数据模型里的名称。而 fetchBatchSize 属性告诉 Core Data 一次只获取特定的数量的 mood 对象。这背后其实发生了许多"魔法"；后面会在第 4 章里深入了解这些机制。我们设置的批次大小为 20，这大约也是屏幕能显示项数的两倍。我们会在性能这一章节里继续探讨如何调整批次大小的问题。

简化模型类

在继续开始使用这个获取请求之前，我们会先给模型类添加一些方法，让之后的代码变得更容易使用和维护。

我们会演示一种创建获取请求的方式，它能更好地将关注点进行分离 (separation of concerns, SoC)。之后我们在扩展示例程序其他方面的时候这个模式也能派上用场。

> 译者注：关注点分离[a]，是面向对象的程序设计的核心概念。分离关注点使得解决特定领域问题的代码从业务逻辑中独立出来，业务逻辑的代码中不再含有针对特

定领域问题代码的调用 (将针对特定领域问题代码抽象化成较少的程式码，例如将代码封装成类或是函数)，业务逻辑同特定领域问题的关系被封装，易于维护，这样原本分散在整个应用程序中的变动就可以很好地被管理起来。

[a]https://en.wikipedia.org/wiki/Separation_of_concerns

在 Swift 中，协议扮演了核心角色。我们会给 Mood 模型添加并实现一个协议。事实上，我们后面添加的模型类都会实现这个协议——我们建议在你的模型类里也这么做：

```
public protocol ManagedObjectType: class {
    static var entityName: String { get }
    static var defaultSortDescriptors: [NSSortDescriptor] { get }
}
```

我们利用 Swift 的协议扩展[1]来为这个协议添加一个默认的实现，为 defaultSortDescriptors 属性返回一个空数组。另外，我们还会添加一个计算属性 (computed property) 用来返回一个使用默认排序描述符的获取请求。

```
extension ManagedObjectType {
    public static var defaultSortDescriptors: [NSSortDescriptor] {
        return []
    }

    public static var sortedFetchRequest: NSFetchRequest {
        let request = NSFetchRequest(entityName: entityName)
        request.sortDescriptors = defaultSortDescriptors
        return request
    }
}
```

现在我们让 Mood 类遵循这个协议。我们实现了静态的 entityName 属性并且添加了自定义的默认排序描述符。我们希望 Mood 的实例默认按日期排序 (就像我们之前创建的获取请求里做的那样)：

---

[1] https://developer.apple.com/library/prerelease/ios/documentation/Swift/Conceptual/Swift_Programming_Language/Protocols.html#//apple_ref/doc/uid/TP40014097-CH25-ID521

```
extension Mood: ManagedObjectType {
    public static var entityName: String {
        return "Mood"
    }

    public static var defaultSortDescriptors: [NSSortDescriptor] {
        return [NSSortDescriptor(key: "date", ascending: false)]
    }
}
```

通过这个扩展，我们可以像这样来创建和上面相同的获取请求：

```
let request = Mood.sortedFetchRequest
request.fetchBatchSize = 20
```

我们在后面会以这个模式为基础，给 ManagedObjectType 协议添加更多的便利方法——比如，创建获取请求的时候指定谓词 (predicate) 或者是搜索这个类型的对象。你可以参考示例代码[1]里的 ManagedObjectType 协议的所有扩展方法和属性。

通过使用 ManagedObjectType 协议，我们把实体的名称封装到了它对应的模型类的扩展里，然后我们给 Mood 类添加了一个方便的方法来获取预先配置好的获取请求。

现在，我们看上去似乎做了很多不必要的工作。但这其实是一种非常干净的设计，也是一个值得依赖的良好基础。随着我们的 App 变得越来越复杂，我们会更多地使用这个模式。我们不需要在用到 Mood 类的地方写死这些信息。我们改善了关注点分离。通过这些改动，Mood 类将**知道**它的实体和实体的默认排序方式是什么。

Fetched Results Controller

我们使用 NSFetchedResultsController 类来协调模型和视图。在我们的例子里，我们用它来让 table view 和 Core Data 中的 mood 对象保持一致。fetched results controller 还可以用于其他场景，比如在使用 collection view 的时候。

使用 fetched results controllers 的主要优势是：我们不是直接执行获取请求然后把结果交给 table view，而是在当底层数据有变化时，它能通知我们，让我们很容易地更新 table view。为了做到这一点，fetched results controllers 监听了一个通知，这个通知会由托管对象上下文

---

[1] *https://github.com/objcio/core-data/blob/master/SharedCode/ManagedObject.swift*

Core Data   13

在它之中的数据发生改变的时候所发出（第 5 章中会更多有关于这方面的内容）。fetched results controllers 会根据底层获取请求的排序，计算出哪些对象的位置发生了变化，哪些对象是新插入的等，然后把这些改动报告给它的代理，如图 1.5 所示。

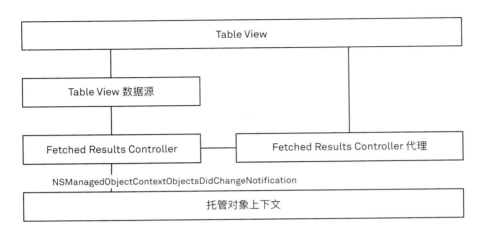

图 1.5　fetched results controller 与 table view 是如何交互的

为了初始化 mood table view 的 fetched results controller，我们在 UITableViewController 子类的 viewDidLoad() 方法里调用了 setupTableView() 这个方法。setupTableView() 使用了前面提到的获取请求来创建一个 fetched results controller，接着我们把它传给了一个自定义类，这个类封装了所有 fetched results controller 的代理所需要的模板代码。

```
private func setupTableView() {
    // ...
    let request = Mood.sortedFetchRequest
    request.returnsObjectsAsFaults = false
    request.fetchBatchSize = 20
    let frc = NSFetchedResultsController(fetchRequest: request,
        managedObjectContext: managedObjectContext,
        sectionNameKeyPath: nil, cacheName: nil)
    let dataProvider = FetchedResultsDataProvider(
        fetchedResultsController: frc, delegate: self)
    // ...
}
```

FetchedResultsDataProvider 类实现了 fetched results controller 如下的三个代理方法，它们会在底层数据发生变化的时候通知我们：

1. controllerWillChangeContent(_:)

2. controller(_:didChangeObject:...)

3. controllerDidChangeContent(_:)

我们可以在 view controller 的类里直接实现上面的这些方法。但是这样的模板代码会把 view controller 弄得很乱，因为我们可能随时需要使用 fetched results controller。所以我们打算从一开始就把这些代理方法的实现写在可以复用的 FetchedResultsDataProvider 类里：

```
class FetchedResultsDataProvider<Delegate: DataProviderDelegate>: NSObject,
    NSFetchedResultsControllerDelegate, DataProvider
{
    // ...
    init(fetchedResultsController: NSFetchedResultsController,
        delegate: Delegate)
    {
        self.fetchedResultsController = fetchedResultsController
        self.delegate = delegate
        super.init()
        fetchedResultsController.delegate = self
        try! fetchedResultsController.performFetch()
    }

    func controllerWillChangeContent(controller: NSFetchedResultsController) {
        // ...
    }

    func controller(controller: NSFetchedResultsController,
        didChangeObject anObject: AnyObject,
        atIndexPath indexPath: NSIndexPath?,
        forChangeType type: NSFetchedResultsChangeType,
        newIndexPath: NSIndexPath?)
    {
```

```
        // ...
    }

    func controllerDidChangeContent(controller: NSFetchedResultsController) {
        delegate.dataProviderDidUpdate(updates)
    }
}
```

在初始化的时候，FetchedResultsDataProvider 把自己设置成了 fetched results controller 的代理。然后它调用了 performFetch(_:)，方法从持久化存储中加载了这些数据。由于这个方法可能会抛出错误，我们在它前面加了 try! 关键词来让它尽早崩溃，因为这是一个编程上的错误。

在这些代理方法里，data provider 类把 fetched results controller 报告的改动聚合到了一个叫 DataProviderUpdate 的枚举实例的数组里：

```
enum DataProviderUpdate<Object> {
    case Insert(NSIndexPath)
    case Update(NSIndexPath, Object)
    case Move(NSIndexPath, NSIndexPath)
    case Delete(NSIndexPath)
}
```

在更新周期的最后 (也就是 controllerDidChangeContent(_:) 方法里)，data provider 会把这些更新转交给它的代理。

我们之后可以在其他 table view，甚至 collection view 里复用这个类。具体请参考示例项目里的完整源代码[1]。

当 fetched results controller 和它的代理都就位后，我们就可以继续下一步了：让 table view 里实际地显示出数据。为此，我们需要实现 table view 的数据源 (data source) 方法。我们遵循类似处理 fetched results controller 代理方法的原则，把数据源方法都封装到一个单独可复用的类里。这里显示了我们是如何让 fetched results controller 代理和 table view 数据源以及其他部分交互的，如图 1.6 所示。

和 data provider 类似，我们在 setupTableView() 方法里初始化了数据源实例，并把之前创建的 data provider 作为参数传了进去。

---

[1] https://github.com/objcio/core-data/blob/master/Moody/Moody/FetchedResultsDataProvider.swift

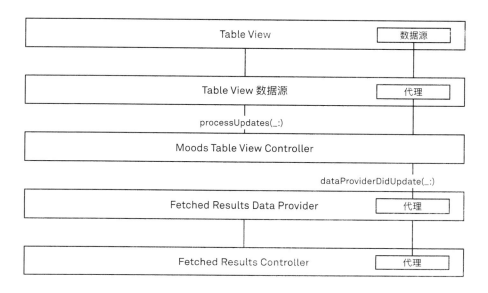

图 1.6 data provider 和数据源类封装了让 table view 与 fetched results controller 保持更新的模板代码

```
private func setupTableView() {
    // ...
    dataSource = TableViewDataSource(tableView: tableView,
        dataProvider: dataProvider, delegate: self)
}
```

这样一来,数据源对象就可以使用 data provider 来获取实现 table view 数据源方法所需要的信息了:

```
func tableView(tableView: UITableView, numberOfRowsInSection section: Int)
    -> Int
{
    return dataProvider.numberOfItemsInSection(section)
}

func tableView(tableView: UITableView,
    cellForRowAtIndexPath indexPath: NSIndexPath) -> UITableViewCell
{
```

```
    let object = dataProvider.objectAtIndexPath(indexPath)
    let identifier = delegate.cellIdentifierForObject(object)
    guard let cell = tableView.dequeueReusableCellWithIdentifier(
        identifier, forIndexPath: indexPath) as? Cell
        else { fatalError("Unexpected cell type at \(indexPath)") }
    cell.configureForObject(object)
    return cell
}
```

数据源还暴露了一个 processUpdates(_:) 方法,让我们可以把从 fetched results data provider 里接收到的更新传参进去。这里更多的是关于 UIKit 的细节而非 Core Data,所以我们只会简单地描述一下。当然,你可以阅读示例工程里的完整源代码[1]。

最后一步是把这些部分串起来,实现 data provider 和数据源的代理方法:

```
extension MoodsTableViewController: DataProviderDelegate {
    func dataProviderDidUpdate(updates: [DataProviderUpdate<Mood>]?) {
        dataSource.processUpdates(updates)
    }
}

extension MoodsTableViewController: DataSourceDelegate {
    func cellIdentifierForObject(object: Mood) -> String {
        return "MoodCell"
    }
}
```

第一个方法只是把 data provider 的更新传给了 table view 的数据源。第二个方法直接返回了 cell 的标识符。

我们同样需要让我们的 cell 类遵循 ConfigurableCell 协议:

```
protocol ConfigurableCell {
    typealias DataSource
    func configureForObject(object: DataSource)
}
```

---

[1] https://github.com/objcio/core-data/blob/master/Moody/Moody/TableViewDataSource.swift

这是我们的 table view 数据源的一个需求,它让我们可以调用 cell 的 configureForObject(_:)
方法,并使用底层数据来合理地配置这个 cell。所以 MoodTableViewCell 的实现就很直接了:

```
extension MoodTableViewCell: ConfigurableCell {
    func configureForObject(mood: Mood) {
        moodView.colors = mood.colors
        label.text = sharedDateFormatter.stringFromDate(mood.date)
        country.text = mood.country?.localizedDescription ?? ""
    }
}
```

我们已经走了很远了。我们创建了模型,设置了 Core Data 栈,在 view controller 层级里传递托管对象上下文,我们创建了获取请求,然后用 fetched results controller 来让 table view 展示数据。现在唯一缺失的部分是显示所需的实际数据,让我们开始讨论它吧!

1.5 操作数据

如同本章最开始概述的那样,所有的被 Core Data 托管的对象,比如我们的 Mood 类的实例,都存在于一个托管对象上下文里。所以,插入的新对象和删除已有对象同样是在上下文里完成的。你可以把托管对象上下文当成一个暂存器 (scratchpad):你在上下文里改动的对象都不会被持久化,除非你显式地调用上下文的 save() 方法来保存它们。

插入对象

在我们的示例 App 里,插入新的 mood 对象是通过拍摄新的照片完成的。这里我们不会包含所有非 Core Data 的代码,其他的代码可以参考在 GitHub[1] 上的源代码。

当用户拍摄新照片的时候,我们通过调用在 NSEntityDescription 上的 insertNewObject-ForEntityName(_:inManagedObjectContext:) 方法来插入一个新的 mood 对象,并把图片的最主要的颜色赋值给它,最后调用上下文的 save() 方法:

```
guard let mood = NSEntityDescription.insertNewObjectForEntityForName(
    "Mood", inManagedObjectContext: moc) as? Mood
```

---

[1]*https://github.com/objcio/core-data*

```
else { fatalError("Wrong object type") }
mood.colors = image.moodColors
try! moc.save()
```

但是，我们写了这么多笨重的代码只是为了插入一个对象。首先，我们需要把插入调用返回的结果向下转换成 Mood 类型。然后，我们希望 colors 是公开只读的。最后，我们其实应该要去处理 save() 可能抛出的错误。

我们会介绍一些辅助方法来整理这些代码。最后的结果会让我们的代码变得更简单。首先，我们给 NSManagedObjectContext 添加一个方法，让获取新插入对象时不再需要每次手动做向下的类型转换，也不需要通过实体名称来指代它的类型。我们利用在 ManagedObjectType 协议中引入的静态 entityName 属性来实现这个功能：

```
extension NSManagedObjectContext {
    public func insertObject<A: ManagedObject where A: ManagedObjectType>
        () -> A
    {
        guard let obj = NSEntityDescription.insertNewObjectForEntityForName(
            A.entityName, inManagedObjectContext: self) as? A
            else { fatalError("Wrong object type") }
        return obj
    }
}
```

这个方法通过 A 来定义了一个泛型方法，A 是遵从 ManagedObjectType 协议的 ManagedObject 子类型。编译器会从方法的类型注解 (type annotation) 自动推断出我们尝试插入的对象类型：

```
let mood: Mood = moc.insertObject()
```

接下来，我们在给 Mood 类添加的静态方法里使用这个新的辅助方法来封装对象的插入：

```
public final class Mood: ManagedObject {
    // ...
    public static func insertIntoContext(moc: NSManagedObjectContext,
        image: UIImage) -> Mood
    {
        let mood: Mood = moc.insertObject()
```

```
        mood.colors = image.moodColors
        mood.date = NSDate()
        return mood
    }
    // ...
}
```

最后，我们给上下文添加两个帮助保存的辅助方法：

```
extension NSManagedObjectContext {
    public func saveOrRollback() -> Bool {
        do {
            try save()
            return true
        } catch {
            rollback()
            return false
        }
    }

    public func performChanges(block: () -> ()) {
        performBlock {
            block()
            self.saveOrRollback()
        }
    }
}
```

第一个方法 saveOrRollback()，直接捕获了调用 save() 方法可能抛出的异常，并在出错的时候回滚挂起的改动。也就是说，它直接扔掉了那些没有保存的数据。对于我们的示例 App 而言，这是一种可以接受的行为，因为在我们的设置里，单个托管对象上下文是不会出现保存冲突的。然而具体到你能否这么做，还是取决于你使用 Core Data 的方式，也许你需要更精密的处理。第 5 章和第 9 章这两章中都会有关于如何解决保存冲突的更深入的内容。

第二个方法 performChanges(_:)，调用了上下文的 performBlock(_:) 方法，它将执行作为参数传入的 block，然后保存上下文。调用 performBlock(_:) 方法能确保我们是从正确的队列里访问上下文和它的托管对象。当我们需要添加第二个在后台队列里的上下文时，这就显得很重要了。现在，你只需要把这种做法当成一个最佳实践模式即可：始终把和 Core Data 对象交互的代码封装在类似的一个 block 里。

现在，每当用户拍摄了一张新的照片，我们只需要在 root view controller 写三行代码，就能插入一个新的 mood 对象了：

```
func didTakeImage(image: UIImage) {
    self.managedObjectContext.performChanges {
        Mood.insertIntoContext(self.managedObjectContext, image: image)
    }
}
```

在整个项目里，我们可以复用这些辅助方法来编写更干净、可读的代码——这并不需要引入什么魔法。另外，我们已经打下了一个良好的使用最佳实践模式基础，可以帮助我们应对程序变得越来越复杂的情况。

删除对象

为了演示删除对象的最佳实践，我们会添加一个 detail view controller，它会显示关于单个 mood 的信息，并且允许用户删除特定的 mood。接下来我们将对这个示例应用进行扩展，使得你在 table view 中选择一个 mood 时，detail view controller 可以被推入导航栈中。

当指向这个 detail view controller 的 segue 触发时，我们把选中的 mood 对象设置为这个新创建的 view controller 的一个属性值：

```
override func prepareForSegue(segue: UIStoryboardSegue, sender: AnyObject?) {
    switch segueIdentifierForSegue(segue) {
    case .ShowMoodDetail:
        guard let vc = segue.destinationViewController
            as? MoodDetailViewController
            else { fatalError("Wrong view controller type") }
        guard let mood = dataSource.selectedObject
            else { fatalError("Showing detail, but no selected row?") }
        vc.mood = mood
    }
}
```

这个 view controller 还有一个删除按钮用来删除你当前看到的 mood，它最终会触发如下操作：

```
@IBAction func deleteMood(sender: UIBarButtonItem) {
    mood.managedObjectContext?.performChanges {
        self.mood.managedObjectContext?.deleteObject(self.mood)
    }
}
```

为了能让删除生效，我们调用之前介绍的 mood 对象的上下文的 performChanges(_:) 辅助方法。接着我们在 block 里，调用了 deleteObject(_:) 方法，并把 mood 对象作为参数传递了进去，最后 performChanges(_:) 这个辅助方法执行完删除操作后会保存上下文。

很自然，如果 mood 对象被删除了，让 detail view controller 还在栈里并没有什么意义。最直接的做法是，在我们删除 mood 对象的同时弹出这个 detail view controller。不过，我们将要采取一种更泛用的方法。这种方法同样能应对 mood 对象可能在后台网络同步操作时被删除的情景。

我们要使用的方法和 fetched results controller 中的方式一样：监听"**对象已改变**"(objects-did-change) 通知。托管对象上下文发出这些通知来告知你托管对象的变化。使用这种方式，无论这个改变的来源是什么，最后达到的效果是一致的。

为了达到这个目的，我们构建了一个托管对象观察者 (managed object observer)，它接受两个参数，一个参数是被观察的对象，另一个参数是一个会在这个对象被删除或者改动的时候被调用的闭包：

```
public final class ManagedObjectObserver {
    public init?(object: ManagedObjectType, changeHandler: ChangeType -> ()) {
        // ...
    }
}
```

在我们的 detail view controller 里，可以这样来初始化这个观察者：

```
private var observer: ManagedObjectObserver?

var mood: Mood! {
    didSet {
        observer = ManagedObjectObserver(object: mood) { [unowned self] type in
```

Core Data 23

```
        guard type == .Delete else { return }
        self.navigationController?.popViewControllerAnimated(true)
    }
    updateViews()
    }
}
```

我们在 mood 这个属性的 didSet 属性观察方法里初始化了一个观察者对象，并将它作为一个实例变量保存。当被观察的 mood 对象被删除的时候，这个闭包会以 .Delete 作为变化类型参数被调用，最后我们从导航栈里弹出这个 detail view controller。这是一种更健壮、更通用的解决方案，因为无论这个删除操作是由用户直接触发的，或者是在后台通过网络触发的，我们都会收到对象被删除的通知。

ManagedObjectObserver 类注册了"对象已改变"的通知 (NSManagedObjectContextObjects-DidChangeNotification)——Core Data 在每次上下文里的托管对象发生变化的时候都会发出这个通知。它为我们感兴趣的托管对象所在的上下文注册了这个通知，当收到通知之后，它会遍历通知的 user info 字典来检查被观察的对象是否被删除：

```
public final class ManagedObjectObserver {
    public enum ChangeType {
        case Delete
        case Update
    }

    public init?(object: ManagedObjectType, changeHandler: ChangeType -> ()) {
        guard let moc = object.managedObjectContext else { return nil }
        objectHasBeenDeleted = !object.dynamicType.defaultPredicate
            .evaluateWithObject(object)
        token = moc.addObjectsDidChangeNotificationObserver {
            [unowned self] note in
            guard let changeType = self.changeTypeOfObject(object,
                inNotification: note)
            else { return }
            self.objectHasBeenDeleted = changeType == .Delete
            changeHandler(changeType)
        }
    }
```

```
deinit {
    NSNotificationCenter.defaultCenter().removeObserver(token)
}

private var token: NSObjectProtocol!
private var objectHasBeenDeleted: Bool = false

private func changeTypeOfObject(object: ManagedObjectType,
    inNotification note: ObjectsDidChangeNotification) -> ChangeType?
{
    let deleted = note.deletedObjects.union(note.invalidatedObjects)
    if note.invalidatedAllObjects ||
        deleted.containsObjectIdenticalTo(object)
    {
        return .Delete
    }
    let updated = note.updatedObjects.union(note.refreshedObjects)
    if updated.containsObjectIdenticalTo(object) {
            return .Update
    }
    return nil
}
}
```

只要托管对象上下文发送了**已经改变**的通知，我们就检查是否所有对象都已经被无效化，或者被观察的对象需要被删除或者被无效化。这两种情况我们都会调用 changeHandler(_:) 这个闭包，并传入变化类型为 .Delete 的值作为参数。类似地，如果对象需要被更新或者重新加载，我们也会调用这个闭包，并传入改变类型为 .Update 的值作为参数。

在观察者的代码里有两件有趣的事情值得注意：首先，为了观察上下文的通知，我们把 NSNotification 的 user info 字典里的松散的类型信息的数据做了强类型封装。这样能让代码更安全、更易读，同时也把所有的类型转换都封装到了一个地方。你可以查看 GitHub 上的完整代码[1]来深入了解这个封装。

其次，containsObjectIdenticalTo(_:) 方法使用了相同指针地址的比较方法 (===) 来比较被观察对象集合里的对象。我们可以这样做的原因是，Core Data 保证对象的**唯一性**：Core

---

[1]https://github.com/objcio/core-data/blob/master/SharedCode/NSManagedObjectContext+Observers.swift

Data 保证对于任意的持久化存储条目，在一个托管对象上下文里只会存在一个单独的托管对象。在本书第二部分中会介绍更多的细节内容。

1.6 总结

本章已经涵盖了很多基础内容。我们创建了一个虽然简单，但实际可用的示例应用程序。最初，我们定义了数据结构，这是通过使用一个实体和其属性来创建数据模型所实现的。然后我们为这个实体创建了对应的 `NSManagedObject` 子类。为了设置 Core Data 栈，我们加载了之前定义的数据模型，创建了一个持久化存储协调器，并给它添加了一个 SQL 存储。最后，我们创建了托管对象上下文并把持久化存储协调器设置为它的一个属性。

Core Data 栈设置好后，我们使用了 fetched results controller 从存储里加载 mood 对象并用 table view 来展示。我们还增加了插入和删除 mood 对象的功能。我们使用了响应式 (reactive) 的方法在数据发生变化的时候来更新我们的 UI：对于 table view，我们使用了 Core Data 的 fetched results controller；对于 detail view，我们使用了自己实现的基于上下文变更通知的托管对象观察者。

重点

- Core Data 不仅仅能用来完成复杂的持久化任务，它在像本章所展示的这个简单的项目里，也可以工作得很好。
- 你并不需要代码生成器来创建托管对象的子类们；手写它们其实很容易，还能让事情完全被掌控。
- 可以使用协议来扩展你的模型类，比如添加一个实体名称、默认排序描述符或是与它相关信息的协议，这样可以避免它们散落在代码的各个地方。
- 把数据源和 fetched results controller 的代理方法封装到分离的类里，这样有助于代码复用，保持 view controller 精简，也更符合 Swift 的类型安全特性。
- 通过创建一些简单的辅助方法，能在插入对象、执行获取请求或是执行类似重复的任务的时候让你的生活变得轻松一点。
- 当前展示的对象被删除或者改变的时候，确保你的 UI 能被更新。我们推荐使用响应式编程来处理这类任务：fetched results controller 已经为 table views 做了这些处理。你可以通过观察上下文的"已经改变"的通知来实现类似的模式。

第 2 章 关系

在本章中，我们将扩展我们的数据模型。我们会添加两个新的实体：**Country**(国家) 和 **Continent**(大陆)。在这个过程中，我们会解释子实体 (subentities) 的概念，并且讨论你什么时候应该以及什么时候不应该使用它们。在这之后我们会建立这三个实体之间的关系。关系是 Core Data 的一个关键特性，我们将使用关系把每个 mood 和一个 country，以及每个 country 和一个 continent 联系起来。

2.1 添加 Country 和 Continent 实体

修改数据模型会导致 App 在下次运行时崩溃。但只要你还处于开发阶段而且没有分发 App，那么你可以直接删除设备或模拟器里旧版本的 App，这样你就可以继续工作了。为简单见，在本章中，我们假设可以不用担心破坏已有安装而随意地修改数据模型。在第 12 章会介绍如何在生产环境下处理这个问题。

为了创建 Country 和 Continent 这两个新的实体，让我们回到 Xcode 的模型编辑器里。这两个新的实体都有一个存储 country 或 continent 的 ISO 3166 编码[1] 的属性。我们把这个属性命名为 numericISO3166Code，并选择 Int16 作为它的数据类型。另外，这两个实体都有一个类型为 NSDate 的 updatedAt 属性，我们之后在 table view 里会使用它进行排序。

Country 实体的托管对象子类看起来是这样的：

```
public final class Country: ManagedObject {
    @NSManaged internal var updatedAt: NSDate

    public private(set) var iso3166Code: ISO3166.Country {
        get {
```

---

[1] *https://en.wikipedia.org/wiki/ISO_3166*

```
        guard let c = ISO3166.Country(rawValue: numericISO3166Code) else {
            fatalError("Unknown country code")
        }
        return c
    }
    set {
        numericISO3166Code = newValue.rawValue
    }
}
@NSManaged private var numericISO3166Code: Int16
}
```

因为 numericISO3166Code 属性是 Country 对象如何被持久化的一个实现细节,所以我们把它标记为私有的。我们增加了一个用来公开访问的 iso3166Code 的计算属性 (computed property),它可以使用枚举类型 ISO3166.Country 来进行 (私有的) 设置和读取。ISO3166.Country 是使用三个字母的国家码来定义的一个枚举选项:

```
public struct ISO3166 {
    public enum Country: Int16 {
        case GUY = 328
        case POL = 616
        case LTU = 440
        // ...
        case Unknown = 0
    }
}
```

我们还给这个枚举添加了扩展,让枚举的内容可打印,以及便捷地获得一个国家所在的大陆等功能。你可以在示例代码[1]里查看这个枚举的完整定义。

类似地,Continent 类被定义成如下这样:

```
public final class Continent: ManagedObject {
    @NSManaged internal var updatedAt: NSDate
```

---

[1] https://github.com/objcio/core-data/blob/master/Moody/MoodyModel/ISO3166.swift

```swift
    public private(set) var iso3166Code: ISO3166.Continent {
        get {
            guard let c = ISO3166.Continent(rawValue: numericISO3166Code)
                else { fatalError("Unknown continent code") }
            return c
        }
        set {
            numericISO3166Code = newValue.rawValue
        }
    }
    @NSManaged private var numericISO3166Code: Int16
}
```

当然,我们也让 Country 和 Continent 类遵循了我们在第 1 章里介绍过的 ManagedObjectType 协议。这样一来,新增的类也可以从我们之前添加的便捷方法里受益,比如我们可以用它来插入对象,拿到预先配置好的获取请求等:

```swift
extension Country: ManagedObjectType {
    public static var entityName: String {
        return "Country"
    }

    public static var defaultSortDescriptors: [NSSortDescriptor] {
        return [NSSortDescriptor(key: UpdateTimestampKey, ascending: false)]
    }
}

extension Continent: ManagedObjectType {
    public static var entityName: String {
        return "Continent"
    }

    public static var defaultSortDescriptors: [NSSortDescriptor] {
        return [NSSortDescriptor(key: UpdateTimestampKey, ascending: false)]
    }
}
```

最后，我们引入了一个叫 LocalizedStringConvertible 的协议。它只有一个只读属性：localizedDescription。通过让 Country 和 Continent 这两个类都遵循这个协议，我们有了一个统一使用区域的名字，之后我们可以用它来设置 UI 中 label 上的文字：

```
extension Country: LocalizedStringConvertible {
    public var localizedDescription: String {
        return iso3166Code.localizedDescription
    }
}

extension Continent: LocalizedStringConvertible {
    public var localizedDescription: String {
        return iso3166Code.localizedDescription
    }
}
```

由于我们存储了 country 的 ISO 编码，我们可以使用 NSLocale 来显示 country 的本地化名称。而对于 continent，我们需要自己提供这个本地化名称。

接下来是把 mood 和它拍摄时对应的 country 联系起来。为了做到这一点，我们希望能存储每个 mood 的地理位置信息。我们将给 Mood 实体添加两个新的属性：latitude (纬度) 和 longitude (经度)，它们的类型都是 Double，因为有时可能会获取不到位置数据，所以两者都是可选的。我们也可以只在一个可转换属性里存储一个 CLLocation 对象，但是这样会很浪费空间，因为它关联了比我们需要的多得多的数据。所以我们只存储原始的 latitude 和 longitude 值，并在 Mood 类上暴露一个 location 属性，用这些值我们就可以构造出一个 CLLocation 对象：

```
public final class Mood: ManagedObject {
    // ...
    public var location: CLLocation? {
        guard let lat = latitude, lon = longitude else { return nil }
        return CLLocation(latitude: lat.doubleValue, longitude: lon.doubleValue)
    }
    @NSManaged private var latitude: NSNumber?
    @NSManaged private var longitude: NSNumber?
    // ...
}
```

在 Mood 类里，我们必须要使用 NSNumber 类型来表示 latitude 和 longitude 属性，因为我们希望它们是 Optional。我们其实更愿意声明这些属性为 Double?，但是这个类型无法在 Objective-C 里表示，所以没办法和 @NSManaged 一起工作。

子实体

模型里的实体可以按层次进行组织：一个实体可以是另一个实体的子实体，子实体会继承父实体的属性和关系。虽然这听起来和子类化 (subclassing) 很相似，但是理解它们之间的差异是很重要的。

创建子实体的唯一原因是，你需要在单一的获取请求的结果或者实体的关系里得到不同类型的对象。在我们的例子里，我们想要用一个 table view 来将 country 和 continent 混合在一起展示，或者每次只展示它们其中一种数据。我们可以通过添加一个抽象的 GeographicRegion 实体，并让 Continent 和 Country 作为它的子实体来实现这个需求。由于 Continent 和 Country 共享相同的属性 (也就是 numericISO3166Code 和 updatedAt)，我们可以把它们移入它们的抽象父实体，如图 2.1 所示。

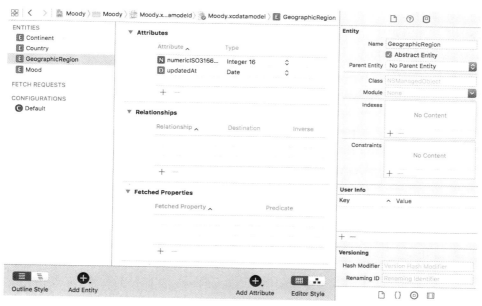

图 2.1　Xcode 模型编辑器里抽象的 **GeographicRegion** 父实体

有了这个，我们就能够创建一个使用 GeographicRegion 实体的获取请求了，它的结果会同时返回 country 和 continent。但是请注意，引入抽象的父实体完全没有改变我们设置托管对象子类的方法。Country 和 Continent 并没有继承一个叫 GeographicRegion 的共同父类。

在我们的例子里，有这样一个父类可能也会很合适，但是实际上并不需要。类的继承关系和实体的继承关系是互相独立的，如图 2.2 所示。

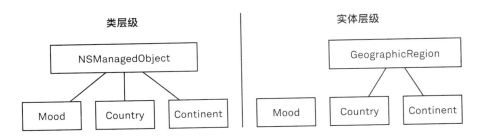

图 2.2　`NSManagedObject` 类层级可以和实体的层级不匹配

理解和避免使用子实体

很多时候，你最终会得到多个共用一组属性（比如 ID 或时间戳）的实体模型。创建一个父实体，只添加一次所有的共同属性的做法看上去很诱人，但是这样会有严重的后果。共同父实体的子实体将共享一个公共的数据库表，所有兄弟实体 (sibling entity) 的所有属性都会被合并进这个表里，如图 2.3 所示。尽管 Core Data 在与你交互的层级上隐藏了这一点，但 Core Data 将不得不从一个巨大的数据库表里读取所有数据，所以这很快会成为一个性能和内存的问题（如果你不熟悉关系型数据库的结构，可以参考第 14 章的内容。）

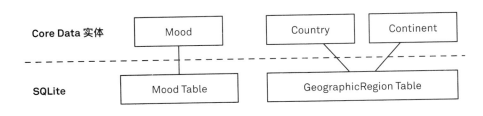

图 2.3　Core Data 把子实体们合并到一个共同的 SQLite 表里的方式

可以将子实体想象成是一种给实体添加一个"类型"枚举的取巧的方法，它可以用来告诉你一个实例的类型是"A"还是"B"。当你犹豫是否要使用子实体的时候，请这么思考一下：要是把拥有共同父实体的所有实体合并成一个带有类型属性的单一实体的感觉会不会非常糟糕？如果是，那么你就不应该使用子实体。

除非你需要在相同的获取请求结果或者同一个关系里得到多种类型的对象，否则最好还是避免使用子实体。需要注意的是，多个类继承一个相同的父类，而又不把它们变成相同实体的子实体的做法是完全可以接受的。但是在 Swift 里，使用一个共同的协议而不是子类化的做法可能会更好。

上面的 LocalizedStringConvertible 协议就是一个这样的例子，它同时被 Country 和 Continent 实现。使用协议允许我们不用继承共同的父类就能使用相同的方式来显示它们的本地化名称。同样地，你可以给所有托管对象类共同的属性定义一个协议——比如一个远程 ID 或者时间戳属性。

2.2 创建关系

Core Data 管理关系的能力是它的核心特性，而且这个特性功能非常强大。我们将在我们所有的三个实体之间创建关系。

我们希望能够使用 table view 向用户展示一个地理区域的列表。如果用户选择了一个 country，那么我们会显示在这个 country 里拍摄的 mood。如果用户选择了一个 continent，那么我们将展示这个 continent 上所有 country 里拍摄的所有 mood。此外，我们还希望能够过滤这个区域列表，让它只显示 country 或只显示 continent。

实体之间的关系很简单：一个 continent 包含多个 country，而每个 country 只属于一个 continent (至少在我们简化版的世界里是这样的)。每个 country 可以有多个 mood，而每个 mood 只存在于一个 country 里。这个例子里的关系就是所谓的**一对多 (one-to-many)** 关系。

我们通常所说的"一对多"的关系，其实是由模型里的两个关系组成的：每个方向各一个。要建立 Continent 和 Country 之间的关系，我们实际上在模型编辑器定义了两个关系：一个从 Continent 到 Country，另一个从 Country 到 Continent。Continent 上的关系被叫作 countries (复数形式，因为它是"对多"的)，在 Country 上的关系被叫作 continent (单数形式，因为它是"对一"的)。类似地，我们从 Country 到 Mood 建立了一个叫 moods 的"对多"关系，以及从 Mood 到 Country 建立了一个叫 country 的"对一"关系，如图 2.4 所示。

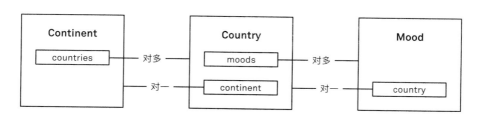

图 2.4　Continent，Country，以及 Mood 实体之间的关系

Core Data 会自动地更新反向关系：当我们设置 Country 的 continent 时，在 Continent 上对应的 countries 属性会被自动更新，反之亦然。需要注意的是，反向关系的更新不会立刻发生，而是在上下文的 processPendingChanges() 方法被调用时更新。你并不需要手动调用这个方法；Core Data 会在适当的时候处理好这些事情。更多细节可以参考有关更改和保存数据的章节。

我们也会将这些关系添加到我们的托管对象子类里：

```
public final class Mood: ManagedObject {
    // ...
    @NSManaged public private(set) var country: Country
    // ...
}

public final class Country: ManagedObject {
    // ...
    @NSManaged private(set) var moods: Set<Mood>
    @NSManaged private(set) var continent: Continent?
    // ...
}

public final class Continent: ManagedObject {
    // ...
    @NSManaged public private(set) var countries: Set<Country>
    // ...
}
```

你可能已经注意到了，Country 上的 continent 关系被标记为可选的。这是因为没有位置信息的 mood 将会与一个未知 country 进行关联 (我们在 ISO3166.Country 枚举里定义了一个 Unknown)，这个未知的 country 不属于任何一个 continent。

> 在数据模型里定义的这些关系并不是必须要加到你的 NSManagedObject 子类里的。我们在这里这样做的原因是因为我们希望能在代码里使用它们。只要在数据模型里定义了反向关系，就算子类里没有定义它们，Core Data 也会工作得很好。

其他类型的关系

在上面的例子里，我们只用了"一对多"的关系。除此之外，你经常想要在两个实体之间创建的关系要么是"**一对一**"，要么是"**多对多**"。Core Data 直接支持所有这些关系类型，甚至更多的关系类型。

创建一个"一对一"关系和我们在上面创建的"一对多"关系非常类似：创建关系和它对应的反向关系，但这一次在两端都设置关系类型为"**对一**"。同样，一个"多对多"关系是通过在两个方向上的关系类型设置为"**对多**"来创建的。和"一对多"关系一样，对于"一对一"和"多对多"关系这两种情况，Core Data 也会自动更新它们的反向关系。

在内部的 SQL 存储里，"多对多"关系要比"一对一"或者"一对多"关系更复杂。因为它们用了连接表 (join table)。在第 14 章里会有这方面更详细的内容。

有序关系

"对多"关系有两种形式：无序的和有序的。在默认情况下，"对多"关系没有特定的顺序，通过它们的数据类型就可以看出来。标准的"对多"关系是用 Set 类型 (在 Objective-C 里是 NSSet) 的属性来表示的。这可以保证包含的对象的唯一性，但是没有特定的顺序。

当你在模型编辑器选择一个"对多"关系的时候，你可以勾选 ordered 复选框来改变这个默认行为。有序的关系是用 NSOrderedSet 类型的属性来表示的，它可以保证包含对象的唯一性以及一个特定的顺序。在下面有关更改"对多"关系一节里，你可以了解在有序关系里插入和移除对象时最好的做法。

> Core Data 在将有序关系中对象的顺序进行持久化时所使用的底层机制是一个黑盒的实现细节。但是，只要将获取请求的排序描述符的排序键 (sort key) 指定为这个有序关系的反向关系的名称，我们就可以通过使用这样的获取请求来按有序关系的排序顺序取回这些对象。

其他的使用场景

关系并不总是位于两个不同的实体之间。你还可以建立指向一个实体自身的关系，比如你可以通过为同一类实体添加 parent 和 children 关系来创建一个树形结构。

另一种并非显而易见的使用场景是在两个实体之间创建多个关系。举一个例子，你有 **Country (国家)** 和 **Person (个人)** 两种实体，个人和国家的关联方式有很多种。比如一个人可以是同一个国家或者是不同国家的公民 (citizen) 和居民 (resident)。我们可以用称为

residents 和 citizens 的两个"一对多"关系以及对应的反向关系 residentOf 和 citizenOf 来建模这种情况。

最后，你还可以创建单向关系 (unidirectional relationships)，也就是没有对应的反向关系的关系。但是，你应该**非常**小心这种情况，因为这可能导致你的数据集出现参照完整性问题 (referential integrity problem)。这意味着在数据库中的一个条目可能指向另一个已经不存在的条目。当你删除一个被其他对象引用，但是却没有指回这些对象的关系的对象时，就可能会发生这种情况。通常情况下，Core Data 会保证对象被删除时关系能正确地更新。但一旦你使用了单向关系，那么你就必须要自己处理这些关系的更新。

你应该只有在你完全确信你永远不会删除一个缺少反向关系的对象时才考虑使用单向关系。考虑这个例子：我们有 **Message** 和 **User** 两种实体，它们是通过从 **Message** 到 **User** 的一个叫 sender 的"对一"关系联系起来的。如果我们百分之百确信我们永远不会删除 User 对象，那么我们可以考虑省去从 User 到 Message 的反向关系 messages 来避免更新这个关系的开销，反正我们永远不会使用它。但要注意，这可能是一个典型的过早优化 (premature optimization) 的例子——一定要首先检查这个关系是否真的会导致性能问题，再决定是否要做出这样的优化。

建立关系

在我们的例子里，我们想要在一个 mood 被创建时设置它的 country，同时我们希望 country 被创建时设置它的 continent。对于前者，我们可以通过修改 Mood 类的静态便捷方法来设置 country：

```
public static func insertIntoContext(moc: NSManagedObjectContext,
    image: UIImage, location: CLLocation?, placemark: CLPlacemark?) -> Mood
{
    let mood: Mood = moc.insertObject()
    mood.colors = image.moodColors
    mood.date = NSDate()
    if let coord = location?.coordinate {
        mood.latitude = coord.latitude
        mood.longitude = coord.longitude
    }
    let isoCode = placemark?.ISOcountryCode ?? ""
    let isoCountry = ISO3166.Country.fromISO3166(isoCode)
```

```
    mood.country = Country.findOrCreateCountry(isoCountry, inContext: moc)
    return mood
}
```

在我们把 CLPlacemark 表示的 country 代码转换成 ISO3166.Country 值后 (如果代码不能被识别，那么这个值会是 .Unknown)，我们调用 Country 类的 findOrCreateCountry(_:inContext:) 方法来获取对应的 country 对象。这个辅助方法会检查该 country 是否已存在，如果不存在，则创建它：

```
static func findOrCreateCountry(isoCountry: ISO3166.Country,
    inContext moc: NSManagedObjectContext) -> Country
{
    let predicate = NSPredicate(format: "%K == %d",
        Keys.NumericISO3166Code.rawValue, Int(isoCountry.rawValue))
    let country = findOrCreateInContext(moc, matchingPredicate: predicate) {
        $0.iso3166Code = isoCountry
        $0.continent = Continent.findOrCreateContinentForCountry(isoCountry,
            inContext: moc)
    }
    return country
}
```

繁重的工作都是由定义在 ManagedObjectType 协议的一个扩展里的 findOrCreateInContext(_:matchingPredicate:) 方法来完成的：

```
extension ManagedObjectType where Self: ManagedObject {
    public static func findOrCreateInContext(moc: NSManagedObjectContext,
        matchingPredicate predicate: NSPredicate,
        configure: Self -> ()) -> Self
    {
        guard let obj = findOrFetchInContext(moc,
            matchingPredicate: predicate) else
        {
            let newObject: Self = moc.insertObject()
            configure(newObject)
```

```
                return newObject
            }
            return obj
        }

        public static func findOrFetchInContext(moc: NSManagedObjectContext,
            matchingPredicate predicate: NSPredicate) -> Self?
        {
            guard let obj = materializedObjectInContext(moc,
                matchingPredicate: predicate)
            else {
                return fetchInContext(moc) { request in
                    request.predicate = predicate
                    request.returnsObjectsAsFaults = false
                    request.fetchLimit = 1
                }.first
            }
            return obj
        }
    }
```

让我们来一步步地分析：首先，我们调用了 findOrCreateInContext(_:matchingPredicate:) 方法。这里我们会检查我们要寻找的对象是否已经在上下文里注册过。这一步是一个性能优化——因为在我们的例子里，有很大概率我们在之前可能已经加载过这个 country 对象了。由于获取请求会一路往返到文件系统中去，所以即便是在内存里遍历一个非常大的对象数组，也要比执行一个获取请求快得多。我们将在第 6 章里对这方面的内容进行更多探讨。

如果我们在上下文里没有找到这个对象，那么我们会尝试使用一个获取请求来加载它。假如这个对象存在于 Core Data 里，那么它将作为该获取请求的结果被返回。如果它还不存在，那么我们会创建一个新对象，并给这个辅助方法的调用者一个机会来配置这个新创建的对象。

值得一提的是，上面的代码使用了我们的 ManagedObjectType 协议上的两个辅助方法：其中 materializedObjectInContext(_:matchingPredicate:) 方法会遍历上下文的 registeredObjects 集合，这个集合包含了上下文当前所知道的所有托管对象。该方法会一直搜索，直到找到一个不是惰值 (faulting)、类型正确、并且可以匹配给定谓词的对象：

```
extension ManagedObjectType where Self: ManagedObject {
    public static func materializedObjectInContext(
        moc: NSManagedObjectContext,
        matchingPredicate predicate: NSPredicate) -> Self?
    {
        for obj in moc.registeredObjects where !obj.fault {
            guard let res = obj as? Self
                where predicate.evaluateWithObject(res)
                else { continue }
            return res
        }
        return nil
    }
}
```

这里最重要的地方是，我们在迭代里只考虑那些不是惰值的对象。惰值是指还未填充数据的托管对象实例 (更多有关惰值的详情可以参考第 4 章)。如果我们试图在惰值上执行我们的谓词，就可能会强制 Core Data 去为每个惰值执行往返于持久化存储的操作，以填充缺失的数据——这种开销可能是非常昂贵的。

ManagedObjectType 上的第二个辅助方法可以让我们更容易地执行获取请求。它结合了获取请求的配置和执行，还会把结果转换为正确的类型：

```
extension ManagedObjectType where Self: ManagedObject {
    public static func fetchInContext(context: NSManagedObjectContext,
        @noescape configurationBlock: NSFetchRequest -> () = { _ in })
        -> [Self]
    {
        let request = NSFetchRequest(entityName: Self.entityName)
        configurationBlock(request)
        guard let result = try! context.executeFetchRequest(request)
            as? [Self]
            else { fatalError("Fetched objects have wrong type") }
        return result
    }
}
```

现在，让我们回到修改 Mood 类之前所试图完成的目标上来。我们已经扩展了 Mood 的静态辅助方法，现在我们能通过查找一个已存在的 country，或者是创建一个新的 country 对象，并用它来设置 Mood 上的 country 关系。对于后面这种情况，我们还需要在新的 country 对象上设置 continent。我们采用和上面为 country 所做的完全相同的方式来取回这个 continent 对象：

```
static func findOrCreateContinentForCountry(isoCountry: ISO3166.Country,
    inContext moc: NSManagedObjectContext) -> Continent?
{
    guard let iso3166 = ISO3166.Continent.fromCountry(isoCountry)
        else { return nil }
    let predicate = NSPredicate(format: "%K == %d",
        Keys.NumericISO3166Code.rawValue, Int(iso3166.rawValue))
    let continent = findOrCreateInContext(moc,
        matchingPredicate: predicate) { $0.iso3166Code = iso3166 }
    return continent
}
```

修改"对多"关系

在上面的例子里，我们只从"对一"方向通过直接设置关系的另一边上的对象属性建立了我们的"对多"关系。当然，你也可以在另一端修改一个关系，也就是修改关系的"对多"方向的对象。要做到这一点的最直接的方式是，拿到这个关系属性的可变集合，然后做你想要的更改。

例如，我们可以在 Country 类里添加下面这个私有属性来修改 moods 关系 (在我们的例子里我们并不需要这么做，但是出于演示的目的我们包含了这个属性)：

```
private var mutableMoods: NSMutableSet {
    return mutableSetValueForKey(Keys.Moods)
}
```

这个 moods 关系对于其他地方仍然只被公开为一个不可变的集合，但在内部，我们可以使用这个可变版本来改变关系，比如，可以添加一个新的 mood 对象：

```
mutableMoods.addObject(mood)
```

同样的方法也适用于有序的"对多"关系。你只需要使用 mutableOrderedSetValueForKey(_:) 而不是 mutableSetValueForKey(_:) 方法就可以了。

值得一提的是，Xcode 的 NSManagedObject 子类代码生成器创建的辅助方法实际上在有序关系上并不能工作。但是正如我们看到的，这并不能阻止你使用有序关系。使用可变的 (有序的) set 方法往往更简单有效，这也是我们所推荐的做法。

关系和删除

关系在删除过程中发挥着特殊的作用：当你在删除有指向另一个对象的关系的对象时，你需要决定应该如何处理关联的对象。例如，当一个 country 对象被删除时，Core Data 需要更新相应 continent 对象上的 countries 关系来对更改做出响应。为了实现这个目标，我们设置 country 的 continent 关系的删除规则为 **nullify**(置空)。这会导致关联的对象——在我们的例子里，continent 会被保留，而它的反向关系 countries 会被更新，如图 2.5 所示。

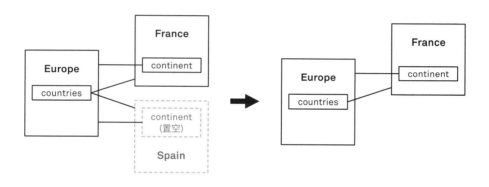

图 2.5　**nullify** 删除规则会把被删除的对象从它的反向关系里移除

删除规则也可以被设置为 **cascade (级联)**，这会导致在另一端的对象 (们) 也被删除。虽然在我们的具体例子里我们没有这么做，但在 Continent 上的 countries 关系采取这种规则可能是合理的。比如，当一个 continent 对象被删除时，我们可能希望 Core Data 也删除所有相关的 country 对象，如图 2.6 所示。

事实上，只要分别还存在关联的 country 和 mood 对象，我们就希望保证对应的 continent 和 country 对象不会被删除。Core Data 还有另一个删除规则可以保证这一点：**deny (拒绝)**。在 continent 的 countries 关系上将删除规则设置为 deny 的话，那么只要仍然存在相关联的 country，我们尝试删除 continent 对象时就将失败，如图 2.7 所示。

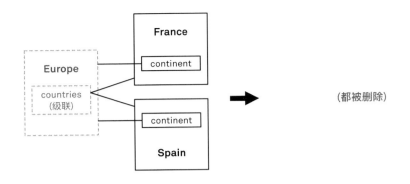

图 2.6 cascade 删除规则会删除相关联的对象们

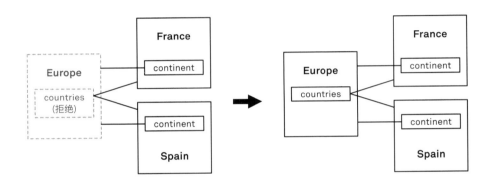

图 2.7 deny 删除规则可以防止关系不为空的对象被删除

最后一个删除规则，**no action (无动作)**，应该被小心地使用：因为这意味着 Core Data 不会更新反向关系 (们)，而是由我们开发者向 Core Data 保证我们已经准备好了更新它们的自定义代码。

自定义删除规则

有时候你希望使用一种和 Core Data 提供的删除规则都不同的删除行为。比如在我们的例子里，我们希望清理不再引用任何 mood 的 country 对象，以及不再引用 country 的 continent 对象。我们可以通过对 Country 类的 `prepareForDeletion()` 方法进行挂钩 (hooking) 来实现这个需求：

```
public final class Country: ManagedObject {
    // ...
    public override func prepareForDeletion() {
        guard let c = continent else { return }
        if c.countries.filter({ !$0.deleted }).isEmpty {
            managedObjectContext?.deleteObject(c)
        }
    }
    // ...
}
```

这个方法会在对象被删除之前被调用。在该方法里，我们可以检查 continent 的 countries 关系是否仍然包含未删除的 country 对象。如果没有未删除的 country 对象，那么我们会删除这个 continent。我们在 Mood 类里可以用同样的方法来删除不再引用任何 mood 的 country 对象。

2.3　适配用户界面

为了在 UI 上展示 country 和 continent。我们添加了另一个 table view controller。我们会把它插入到导航栈中用于展示 mood 对象的 view controller 之前的位置。这个 table view 将 country 和 continent 显示在一个组合列表里。另外，它还有一个过滤选项来让列表只显示 continent 或者 country，如图 2.8 所示。

在这个 table view controller 里，我们使用了我们在第 1 章里介绍的和展示 mood table view 相同的通用 data provider 和 data source 类。我们通过在 region table view controller 的 viewDidLoad() 方法里调用如下方法来进行设置：

```
private func setupDataSource() {
    let request = filterSegmentedControl.regionFilter.fetchRequest
    let frc = NSFetchedResultsController(fetchRequest: request,
        managedObjectContext: managedObjectContext,
        sectionNameKeyPath: nil, cacheName: nil)
    let dataProvider = FetchedResultsDataProvider(
        fetchedResultsController: frc, delegate: self)
    dataSource = TableViewDataSource(tableView: tableView,
        dataProvider: dataProvider, delegate: self)
}
```

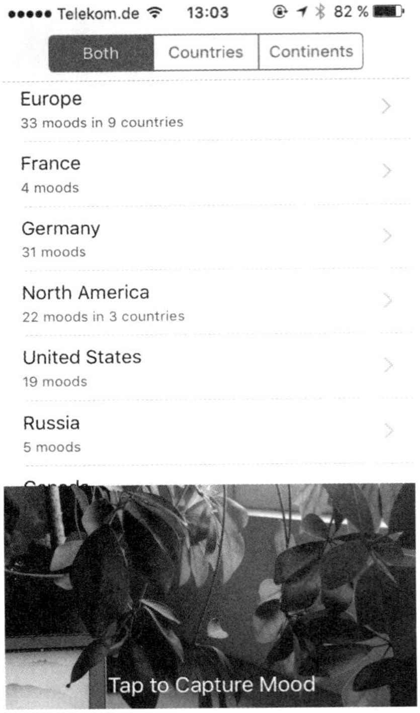

图 2.8 在示例应用程序里的 region table view

这里有趣的地方是我们为导航栏里选中的 segment 创建获取请求的方式。在 mood table view controller 里，我们只是直接使用我们在 Mood 类上的便捷属性 sortedFetchRequest。但是现在的情况有所不同：我们要展示 **country** 或 **continent** 这两个实体的其中一个，或者是同时展示它们。

首先，我们创建了一个用来表示用户在 segmented 控件里选择的不同过滤选项的枚举：

```
private enum RegionFilter: Int {
    case Both = 0
    case Countries = 1
    case Continents = 2
}
```

然后，我们给 UISegmentedControl (我们用来选择应该显示哪个区域的控件) 添加一个扩展。这个扩展根据它被选中索引的返回一个 RegionFilter 值：

```
extension UISegmentedControl {
    private var regionFilter: RegionFilter {
        guard let rf = RegionFilter(rawValue: selectedSegmentIndex) else {
            fatalError("Invalid filter index")
        }
        return rf
    }
}
```

最后，我们扩展 RegionFilter 枚举来添加一个 fetchRequest 属性，它会为当前选中的 region 返回恰当的获取请求：

```
extension RegionFilter {
    var fetchRequest: NSFetchRequest {
        var request: NSFetchRequest
        switch self {
        case .Both: request = GeographicRegion.sortedFetchRequest
        case .Countries: request = Country.sortedFetchRequest
        case .Continents: request = Continent.sortedFetchRequest
        }
        request.returnsObjectsAsFaults = false
        request.fetchBatchSize = 20
        return request
    }
}
```

对于 Countries 和 Continents 的情况来说很简单，但是 Both 的情况现在还不能正常工作——我们甚至还没有定义 GeographicRegion 类型。为了在一个获取请求里同时得到 country 和 continent 对象，我们可以将它们的抽象父实体指定为我们在数据模型里创建的 **GeographicRegion**。我们定义了一个遵循 ManagedObjectType 协议的 GeographicRegion 类型，这让我们能够用和处理 Country 和 Continent 一样的方式来调用 GeographicRegion.sortedFetchRequest：

```
public class GeographicRegion: ManagedObject {}

extension GeographicRegion: ManagedObjectType {
```

```
    public static var entityName: String { return "GeographicRegion" }

    public static var defaultSortDescriptors: [NSSortDescriptor] {
        return [NSSortDescriptor(key: "updatedAt", ascending: false)]
    }
}
```

现在我们不必对这种情况作出区分了，实体名称也被很好地封装了。

接下来，让我们为我们的通用 data source 实现 cellIdentifierForObject(_:) 这个代理方法。因为 table view 要显示不同类型的对象，也就是 Country 和 Continent，所以出现了我们应该如何在代理协议里指定 Object 类型别名的问题。我们可以使用 NSManagedObject，然后尝试把对象转换成 Country 或 Continent 来弄清楚我们正在使用什么对象。但是在这里我们将采取另外一种不同的方法，通过引入另一个协议来简化委托代码：

```
protocol DisplayableRegion: LocalizedStringConvertible {
    var reuseIdentifier: String { get }
    var localizedDetailDescription: String { get }
    var segue: RegionsTableViewController.SegueIdentifier { get }
}
```

我们通过在 Country 和 Continent 上实现 reuseIdentifier 和 segue 属性来让它们遵循这个协议：

```
extension DisplayableRegion {
    var reuseIdentifier: String { return "Region" }
}

extension Country: DisplayableRegion {
    var localizedDetailDescription: String {
        return localized(.Regions_numberOfMoods, args: [numberOfMoods])
    }
    var segue: RegionsTableViewController.SegueIdentifier {
        return .ShowCountryMoods
    }
}
```

```
extension Continent: DisplayableRegion {
    var localizedDetailDescription: String {
        return localized(.Regions_numberOfMoodsInCountries,
            args: [numberOfMoods, numberOfCountries])
    }
    var segue: RegionsTableViewController.SegueIdentifier {
        return .ShowContinentMoods
    }
}
```

此外，我们还在 RegionTableViewCell 的一个扩展里实现了 ConfigurableCell 协议，就像我们在第 1 章为 mood cell 做的那样：

```
extension RegionTableViewCell: ConfigurableCell {
    func configureForObject(object: DisplayableRegion) {
        titleLabel.text = object.localizedDescription
        detailLabel.text = object.localizedDetailDescription
    }
}
```

做完这些之后，data source 里的委托方法就很简单了：

```
extension RegionsTableViewController: DataSourceDelegate {
    func cellIdentifierForObject(object: DisplayableRegion) -> String {
        return object.reuseIdentifier
    }
}
```

在完整的示例项目中，我们更进一步，在 region table view 前面添加了一行额外的 "All Moods"。为了做到这一点，我们添加了另外一个基于 FetchedResultsDataProvider 构建的 data provider 类，它允许我们通过其代理来指定一些补充的行，而这些行并不是获取结果的一部分。你可以参考 GitHub[1] 上有关这部分的代码。

---

[1] https://github.com/objcio/core-data/blob/master/Moody/Moody/AugmentedFetchedResultsDataProvider.swift

2.4 总结

在本章中，我们增加了两个新的实体，**Country** 和 **Continent**，并在它们之间建立了关系：一个 continent 包含一个或多个 country，一个 country 包含一个或多个 mood。我们在两个方向上定义了这些关系，比如从 country 到 mood，以及从 mood 到 country。在我们建立或打破两个对象之间的关系的时候，Core Data 会自动更新对应的反向关系。此外，Core Data 也会根据我们在关系上设置的删除规则来传播或者阻止对于关联着其他对象的对象的删除。

有了这些新的实体和关系之后，我们更新了插入新 mood 的便捷方法，如果不存在相应的 country 和 continent，那么这个方法会自动创建它们。作为一个性能优化，我们在回退去使用较慢的获取请求之前，首先对上下文里已注册的对象进行遍历，来检查一个 country 或 continent 是否已经存在。

重点

- 仅在你能合理地用一个枚举属性来把实体们合并成一个实体的时候才使用子实体。
- Core Data 可以处理"一对一"，"一对多"，以及"多对多"关系。
- "对多"关系有两种形式：无序的和有序的。
- 一个实体可以有指向自身的关系，比如用 parent 属性来创建一个树结构。
- 两个实体可以通过多个关系来连接。
- 确保为你的使用场景下的关系设置合适的删除规则。
- 使用 mutableSetForKey(_:) 或者 mutableOrderedSetForKey(_:) 存取方法来修改"对多"关系。

第 3 章 数据类型

在本章中，我们会更仔细地介绍 Core Data 直接支持的数据类型。我们还会讨论如何用不同的方式来存储自定义数据类型，包括在方便性、数据大小和性能之间的权衡。

3.1 标准数据类型

Core Data 直接支持许多内置的数据类型：包括整型和浮点数、布尔值、字符串、日期和二进制数据。下面我们会介绍这些类型，并且讨论在使用它们时需要注意的一些地方。

数值类型

数字具有多种格式：16 位、32 位、和 64 位整数；单精度和双精度浮点值；用来做基数为 10 的算术的十进制数等。布尔类型和日期类型也是通过数字来实现的。布尔值一般被存储为 0 或者 1。

对于所存储数字的数值类型的选择取决于你需要存储的数值范围[1]。比如，如果你知道只需要存储较小的数字 (比如在 -32,768~+32,767 之间)，使用一个 16 位整数应该就够了，这不仅能节省数据库的空间，还能使获取数据的效率变得更高。对于浮点数，建议你始终使用双精度[2]，除非你有充分的理由不这么做。十进制数字主要是用来处理货币值的。

在模型编辑器里选择的数值类型必须要和你在 `NSManagedObject` 子类里对应的属性所使用的类型相匹配。比如，如果你在模型编辑器里选择了一个 16 位整型，那么你的属性类型必须要定义成 `Int16`。这一点也同样适用于浮点类型，即单精度和双精度属性必须相应地表示为 `Float` 和 `Double`。

---

[1] *https://en.wikipedia.org/wiki/Integer_(computer_science)*
[2] *https://en.wikipedia.org/wiki/Double-precision_floating-point_format*

当在 Objective-C 里实现你的托管对象子类时，你可以要么使用 NSNumber 来表示所有的数值属性 (整数和各种长度的浮点值)，要么使用恰当的标量类型来声明属性：比如 int16_t、int32_t、int64_t、float 或者 double。通常来说，后者在使用起来会更加方便。

十进制数在 Swift 和 Objective-C 里都是用 NSDecimalNumber 来表示的。如果你正好需要存储货币值，那么你应该仔细看看这个选项。NSDecimalNumber 可以让你精确地指定数字该如何取整、如何处理精确性以及上溢和下溢。

日期

NSDate 只是一个与基准时间的间隔距离的双精度值的封装，它是自 UTC[1] 时间 2001 年 1 月 1 日午夜以来的秒数。所以 Core Data 在存储日期的时候，也只是直接在数据库里存储这个双精度值。NSDate 值里不包含时区，所以如果你需要存储时区信息，那么还需要为它添加一个单独的属性。但是在大多数情况下，只存储 NSDate 值应该就足够了。之后在你需要的时候，可以使用用户当前的时区来在 UI 里展示日期。

二进制数据

在属性里存储二进制数据 (即 NSData 类型) 是非常简单的。它可以被直接 (比如像 JPEG 这样的数据) 或间接 (比如下面会提到的自定义数据类型) 地使用。

对于二进制值，Core Data 支持所谓的**外部存储 (external storage)**，可以通过设置 NSAttributeDescription 实例的 allowsExternalBinaryDataStorage 属性，或者是在 Data Model Inspector 里勾上 "Allows External Storage" 复选框来开启。它可以让 Core Data 根据数据的大小来决定是把二进制数据存储在 SQLite 里还是存储成外部文件。底层的 SQLite 可以直接在数据库里高效地存储不超过大概 100 kb[2] 的二进制数据。一般来说这个选项通常都应该被开启。

需要记住的是，如果在你的模型对象里包含很大的二进制数据，那么将它们保持在内存里的开销会变得很昂贵。如果在大多数情况下，这个实体的二进制数据和其他属性需要一同被获取，那么把它们存储在一起是合理的。否则，可能更好的做法是把二进制数据存储为另一个单独的实体，并在两个实体之间创建一个关系。

---

[1] *https://en.wikipedia.org/wiki/Coordinated_Universal_Time*
[2] *https://www.sqlite.org/intern-v-extern-blob.html*

另外一种方法是只在 Core Data 里存储文件名，然后你自己在磁盘上管理实际数据的存储。但是，相比直接把数据存储在 Core Data 里，你应该在有非常充分的理由时才需要考虑这么做。你要承担确保 Core Data 和你自己的二进制存储的数据之间的统一性的全部责任，这并不总是一件容易的任务。

字符串

添加一个字符串属性会和你所期望的一样：字符串的存储支持完整的 Unicode。但不幸的是，搜索和排序字符串可能会相当复杂。但这其实并不是 Core Data 的错，由于 Unicode 本身的复杂性，以及基于语言的不同，对于正确行为的预期也会有所不同，所以这件事情本来就很困难。

3.2 原始属性和临时属性

在我们讨论不同的存储自定义数据类型的方法之前，先简单地介绍一下原始 (Primitive) 属性和临时 (Transient) 属性的概念。在后面介绍如何实现自定义数据类型的存取方法 (accessor method) 时，我们需要用到这些概念。

原始属性

在 `NSManagedObject` 子类里，Core Data 会为表示实体的属性动态地实现 setter 和 getter 方法。这就是为什么我们要在 Swift 里把这些属性的声明标记为 `@NSManaged` 的原因：这会告诉编译器 Core Data 将在运行时提供这些存取方法。这些存取方法处理了所有 Core Data 相关的任务，比如从存储里加载惰值数据、记录更改等。

除了那些公开的属性，Core Data 也为每个属性实现了所谓的**原始属性**。原始属性使用 `primitive` 作为前缀，后面跟着以大写字母开头的属性的名称。举一个例子，对于 `date` 属性，它的原始属性是 `primitiveDate`。为了能在我们的自定义类里使用这些属性，我们必须用相同的 `@NSManaged` 属性来声明它们。你也应该总是给这些声明加上 `private` 关键字，因为原始属性是特定托管对象子类的实现细节。

原始属性基本是作为 Core Data 属性背后的存储而存在的。除实现你自己的自定义存取方法之外，你不应该直接访问它们。后面会更详细地讨论这一点。

临时属性

临时属性是指不会被持久化的属性。临时属性的数据在托管对象变成惰值或者生命周期结束时会被丢弃掉。你可以在 Data Model Inspector 里将任意属性标记为临时属性，这会把它变成一个只在内存里存在的属性。

和正常的 (非 @NSManaged) 属性相比，使用临时属性的优势是它们可以参与 Core Data 的变更追踪和惰值化的过程。比如，当一个托管对象变成了惰值的时候，临时属性的数据将会被丢弃掉 (第 4 章会有更多关于惰值化的介绍)。这样一来，你就不会遇到内存中的属性和 Core Data 中的属性不同步所造成的危险。

通常情况下，在你的托管对象子类里，如果需要额外而又非持久化的属性，那么你应该总是使用临时属性。当然，这并不适用于**计算**属性 (computed properties) 这种没有实际存储的属性。

3.3 自定义数据类型

除了默认的数据类型，你还可以在 Core Data 里存储自定义数据类型。我们已经看过一个例子，那就是 Mood 实体的 colors 属性，它的类型就是可转换的 (Transformable)。遵循 NSCoding 协议的数据类型都可以直接声明为可转换的属性。不过，你也可以指定一个自定义值转换器 (value transformer) 来用更高效的格式存储你的数据。

在任何情况下，最重要的是你的自定义数据类型是不可变的值类型。在数据发生变化时，你需要为它设置一个新的值。只有这样 Core Data 才能感知到变化，并在下次保存的时候把它持久化。换句话说，如果你在 Core Data 的属性上设置一个可变对象，然后修改这个可变对象里的一部分数据，那么 Core Data 将无法跟踪这种变化。反过来，这还会导致不确定行为以及可能造成数据丢失。

自定义值转换器

在本节中，我们将实现一种更高效存储 Mood 实体中 colors 属性的方法。在第 1 章里，因为 NSArray 和 UIColor 都遵循 NSCoding 协议，所以我们简单地使用了可转换的属性。因为这些数据会被保存为 plist 格式[1]，所以这种方法的缺点是会浪费很多数据库空间，另外它也不是最高效的实现。

---

[1] https://developer.apple.com/library/mac/documentation/Darwin/Reference/ManPages/man5/plist.5.html

我们可以通过提供自定义的值转换器来更高效地存储这些数据：将 colors 数组存储为红绿蓝值的简单序列，这样一个颜色只需要三个字节就能表示了。(在我们的例子里，我们并不需要存储透明度 alpha 通道的值。)

第一步是创建两个函数，把 colors 数组转成 NSData，以及反过来把 NSData 转换成 colors 数组。为此，我们将在 [UIColor] 和 NSData 上增加两个计算属性。让我们先来看看从 [UIColor] 到 NSData 的转换：

```swift
extension SequenceType where Generator.Element == UIColor {
    public var moodData: NSData {
        let rgbValues = flatMap { $0.rgb }
        return rgbValues.withUnsafeBufferPointer {
            return NSData(bytes: $0.baseAddress, length: $0.count)
        }
    }
}
```

首先，UIColor 对象的数组被转换成了 UInt8 的数组，这是使用 UIColor 上的 rgb 的辅助方法来做的：

```swift
extension UIColor {
    private var rgb: [UInt8] {
        var red: CGFloat = 0
        var green: CGFloat = 0
        var blue: CGFloat = 0
        getRed(&red, green: &green, blue: &blue, alpha: nil)
        return [UInt8(red * 255), UInt8(green * 255), UInt8(blue * 255)]
    }
}
```

接下来，我们用 Swift 的 withUnsafeBufferPointer(_:) 辅助方法把这个 8 位无符号整数的数组转换成 NSData。这个方法接受一个闭包参数，该闭包被调用时会传入一个 UnsafeBufferPointer 的参数，我们可以用它来创建一个 NSData 实例。

对于另一个方向，也就是从 NSData 到 [UIColor]，转换的函数看起来是这样：

```swift
extension NSData {
    public var moodColors: [UIColor]? {
```

```
        guard length > 0 && length % 3 == 0 else { return nil }
        var rgbValues = Array(count: length, repeatedValue: UInt8())
        rgbValues.withUnsafeMutableBufferPointer { buffer -> () in
            let voidPointer = UnsafeMutablePointer<Void>(buffer.baseAddress)
            memcpy(voidPointer, bytes, length)
        }
        let rgbSlices = rgbValues.slices(3)
        return rgbSlices.map { slice in
            guard let color = UIColor(rawData: slice) else {
                fatalError("cannot fail since we know tuple is of length 3")
            }
            return color
        }
    }
}
```

这比之前的转换稍微复杂一些。首先，我们要检查数据是否有效，也就是说，它的元素个数是否能被 3 整除。如果数据是有效的，那么我们创建类型为 [UInt8] 的正确大小的 rgbValues 数组来持有数据对象的所有字节。然后，我们在这个数组上调用 withUnsafeMutableBufferPointer(_:) 方法，把数据从 NSData 的 buffer 里复制到我们创建的数组 buffer 中去。剩下的就很容易了，我们将数组按照每 3 个一组进行切分，然后使用如下的 UIColor convenience 初始化方法生成 UIColor 对象：

```
extension UIColor {
    private convenience init?(rawData: [UInt8]) {
        if rawData.count != 3 { return nil }
        let red = CGFloat(rawData[0]) / 255
        let green = CGFloat(rawData[1]) / 255
        let blue = CGFloat(rawData[2]) / 255
        self.init(red: red, green: green, blue: blue, alpha: 1)
    }
}
```

有了这些转换器方法，我们就可以创建一个函数来注册一个叫 ColorsTransformer 的值转换器了：

```
private var registrationToken: dispatch_once_t = 0
private let ColorsTransformerName = "ColorsTransformer"

extension Mood {
    static func registerValueTransformers() {
        dispatch_once(&registrationToken) {
            ValueTransformer.registerTransformerWithName(
                ColorsTransformerName, transform:
                { colors in
                    guard let colors = colors as? [UIColor] else { return nil }
                    return colors.moodData
                }, reverseTransform: { (data: NSData?) -> NSArray? in
                    return data?.moodColors
            })
        }
    }
}
```

这里我们用了一个泛型的基于闭包的 NSValueTransformer 封装，这让我们可以从强类型接口里获益。你可以参考一下 GitHub 上[1]关于这部分内容的完整源代码。

接下来，我们在初始化 Core Data 栈的时候调用这个注册方法：

```
public func createMoodyMainContext() -> NSManagedObjectContext {
    Mood.registerValueTransformers()
    // ...
}
```

最后，我们在模型编辑器里打开 **Mood** 实体，设置 colors 属性的转换器为 ColorsTransformer。从现在开始，我们的 color 数据将被存储成非常紧凑和高效的二进制数据，如图 3.1 所示。

这种做法否值得，需要根据你的具体使用情况来进行判断。如果你要存储大量的自定义数据，那么你可以很容易地用更节省空间的方式来存储它们，这在移动设备上是一个不错的值得注意的细节，因为移动设备的存储空间有时是有限的。

---

[1] *https://github.com/objcio/core-data/blob/master/SharedCode/ValueTransformer.swift*

图 3.1　在 Data Model Inspector 里设置自定义值转换器的名字

自定义存取方法

在前面，我们使用可转换属性并结合自定义值转换器，实现了自己的存储 colors 数组的方式。但是我们还可以用另一种方式来实现这一点：我们可以创建一个标准数据类型的内部属性作为持久化存储，然后添加一个临时 (即非持久化) 的属性，并为这个临时属性实现我们自己的、公开的存取方法。这两种方法所考虑和权衡的方面各有不同。

这种方法的主要优点是，我们可以延迟执行从存储的原始数据到自定义数据结构的转换。如果使用可转换属性，那么转换操作会发生在托管对象被填充的时候。但是，如果我们知道大部分时间我们都不需要访问这个属性，而且转换的开销并不便宜，那么把转换推迟到数据实际被需要的时候是合理的。对于我们的存储 colors 数组的场景，使用可转换属性是非常合适的。尽管如此，我们还是会向你展示基于临时属性的实现方法。

首先，我们在 Mood 实体上增加一个新的类型为二进制数据的 colorStorage 的属性。然后我们给 Mood 类添加相应的属性：

@NSManaged private var colorStorage: NSData

我们把这个属性标记为私有，因为这是一个其他地方不需要了解的实现细节。接下来，我们把 colors 属性的类型由可转换 (transformable) 改为未定义 (undefined)，同时我们在 Data Model Inspector 里勾选 "Transient" 复选框来将其设定为临时属性。临时属性不会被保存到持久性存储里，它们只在对象存活的时候才存在。但是它们仍然会参与惰值化的过程：如果对象被变成惰值，临时属性的值将会被清除掉。(我们将在第 4 章里更深入地讨论惰值化的内容。)

在为我们的自定义的临时属性 colors 实现 getter 和 setter 之前，首先要讨论的是原始属性。托管对象子类的每个 @NSManaged 属性都有一个底层的**原始**属性，这些属性的存取方法是由

Core Data 动态生成的。原始的存取方法让你可以访问到托管对象的内部存储。为了不让编译器报错，我们需要把原始属性声明成这样：

@NSManaged private var primitiveColors: [UIColor]?

和 colorStorage 一样，primitiveColors 属性也被声明成私有的，因为它也是一个实现细节。现在，我们已经准备好实现 colors 属性的自定义 setter 和 getter 了，在这里我们可以利用上面我们用来执行 NSData 和 [UIColor] 互相转换的相同函数：

```
public private(set) var colors: [UIColor] {
    get {
        willAccessValueForKey(Keys.Colors)
        var c = primitiveColors
        didAccessValueForKey(Keys.Colors)
        if c == nil {
            c = colorStorage.moodColors ?? []
            primitiveColors = c
        }
        return c!
    }
    set {
        willChangeValueForKey(Keys.Colors)
        primitiveColors = newValue
        didChangeValueForKey(Keys.Colors)
        colorStorage = newValue.moodData
    }
}
```

在这段代码里很重要的一点是，我们在 getter 里使用 willAccessValueForKey(_:) 和 didAccessValueForKey(_:) 方法，在 setter 里使用 willChangeValueForKey(_:) 和 didChangeValueForKey(_:) 方法，对 primitiveColors 属性的访问进行了包装。这允许 Core Data 在幕后执行通常的整理工作。

> 这里我们使用了自定义的 willAccess/didAccess 和 willChange/didChange 的重载方法。这些方法接受一个值为 String 类型的 RawRepresentable 参数。通过这种方式，我们可以在一个基于字符串的枚举里定义这些键，这样使用它们的时候就可以自动补全了。更多详情可以查看在 GitHub 上的代码。

这个自定义的 getter 只会在你第一次访问属性的时候执行从二进制数据到 colors 数组的转化。另一方面，setter 在你给 colors 属性设置新值时会执行 colors 数组到二进制数据的转换。如果这个开销太昂贵，那么还有另一种做法：你可以把转换这一步从 setter 里移动到托管对象的 willSave() 方法里，这样只会在每次保存的时候执行这一步。这种方法在 Core Data 编程指南[1]里也有描述。

使用自定义存取方法的另一个类似的但是更轻量级的场景是，在 Core Data 里存储枚举值。假设我们如下的托管对象子类中有一个我们想持久化的枚举类型 Type：

```
class Message: ManagedObject {
    enum Type: Int16 {
        case Text = 1
        case Image = 2
    }
    // ...
}
```

方法和以前一样。我们将原始属性声明为私有，然后使用正确的类型实现公开的属性：

```
class Message: ManagedObject {
    @NSManaged private var primitiveType: NSNumber

    static let typeKey = "type"
    var type: Type {
        get {
            willAccessValueForKey(Message.typeKey)
            guard let val = Type(rawValue: primitiveType.shortValue)
                else { fatalError("invalid enum value") }
            didAccessValueForKey(Message.typeKey)
            return val
        }
        set {
            willChangeValueForKey(Message.typeKey)
```

---

[1] https://developer.apple.com/library/mac/documentation/Cocoa/Conceptual/CoreData/Articles/cdNSAttributes.html#//apple_ref/doc/uid/TP40001919-SW12

```
            primitiveType = NSNumber(short: newValue.rawValue)
            didChangeValueForKey(Message.typeKey)
        }
    }
}
```

另一个可以在 Core Data 属性上使用自定义 setter 的场景，是在设置新值的同时想要更新其他 (内部) 的属性的时候。在第 11 章中，我们展示了一个相关的例子：在设置一个字符串属性时，自动地用这个字符串的标准化形式去更新另外一个内部的属性。

3.4 默认值和可选值

所有数据类型的属性都可以设置默认值。Core Data 会在一个对象被插入到上下文时自动将属性设置为这个值。确保对象在开始时具有合法的值会非常有用，如果再能和 Swift 里的非 Optional 值相结合，那么就会更有用了。你可以在 Xcode 的模型编辑器里设置这些默认值。

在默认情况下，被 Core Data 托管的对象的所有属性都是可选值：它们要么有值，要么是 nil。但是你还是可以把一个 Core Data 的属性设置成不可选的，然后在你的托管对象子类里为相应的属性使用非可选值的类型。在使用谓词的时候，确保值不是 nil 尤其重要，因为 nil 在这些情况下具有特殊的意义。在谓词这一章里会深入探讨更多这方面的内容。

你还可以在运行时设置默认值。**Mood** 实体的 date 属性就是这方面很好的一个例子。每次我们创建一个新的 mood 时，都想把当前日期和时间设置给它。为了做到这一点，我们覆盖 Mood 类的 awakeFromInsert() 方法：

```
public final class Mood: ManagedObject {
    // ...
    public override func awakeFromInsert() {
        super.awakeFromInsert()
        primitiveDate = NSDate()
    }
    @NSManaged private var primitiveDate: NSDate
    // ...
}
```

awakeFromInsert() 方法在对象的生命周期里只会被调用一次，正如其名，也就是对象第一次被创建时候。调用父类的实现后，我们初始化了这个日期。你可能已经注意到，我们使用的是 date 属性的原始变体。这样做的原因是，我们不希望这种变化被当成是托管对象里的变化；我们希望它只是对象的默认状态。

3.5　总结

在本章中，我们探讨了 Core Data 的默认数据类型和存储其他自定义的数据类型的可能性。对于自定义类型，为了能持久化数据，你总是需要将你的自定义数据转换为一种 Core Data 支持的基本类型。要做到这一点，你可以仅让你的类型遵循 NSCoding 协议，然后直接使用可转换属性；你也可以指定你自己的值转换器，或者还可以实现自定义的存取方法。

应该采用哪种做法很大程度上取决于你的使用场景。不要让它的复杂性超过所必需的程度，然后做一些实际的性能分析来验证你对性能可能的担忧。

重点

- Core Data 直接支持很多种基本类型。选择一个适合你的需求而又不浪费存储空间的类型。

- 存储二进制数据时，应该始终启用允许外部存储的选项，特别是在二进制数据很大的时候。

- 持久化自定义数据类型的最简单的方法就是让它们直接遵循 NSCoding 协议。如果存储容量和性能对你来说没什么可担心，那么使用这个选择。

- 如果你需要实现更高效的存储格式，那么可以考虑转换是否应该延迟发生。如果需要，那就实现你的自定义的存取方法。如果不需要，你可以提供一个自定义的值转换器。

- 当实现自定义存取方法时，总是记住使用 willAccess.../didAccess... 或 willChange.../didChange... 方法来包装对原始属性的访问。

- 默认情况应该标记属性为非可选，只有在必要的时候才不这么做，对于数字属性这一点尤其适用。

- 除可以在模型编辑器里为属性设置静态的默认值之外，你还可以在运行时通过覆盖 awakeFromInsert() 方法来设置默认值。

II

理解 Core Data

第 4 章 访问数据

在本章中，我们会深入介绍在你以不同方式访问持久化的数据时 Core Data 的各个部分是如何协作的。我们还会看看如何利用 Core Data 提供的高级选项来获得对整个流程更多的控制。接着，我们会介绍所有这些机制之所以存在的一个主要原因：那就是为了有效利用内存和提高性能。为了能让你处理巨大的数据集，Core Data 其实做了很多繁重的工作。

在简单的使用场景下，你并不需要知道以上这些也能使用 Core Data。但是如果能理解 Core Data 背后的原理，它就能在你处理更复杂的或者是大规模的 (包含成千上万个对象) 设置时带来帮助。

贯穿整章，假设我们都会使用默认的 SQLite 持久化存储。

4.1 获取请求

获取请求 (Fetch Requests) 是最显而易见的从 Core Data 里获取对象的方式。让我们来看看，在你执行一个非常简单、没有修改任何配置选项的获取请求时会发生什么：

```
let request = NSFetchRequest(entityName: "Mood")
let moods = try! moc.executeFetchRequest(request)
```

让我们一步步地分析：

1. 上下文通过调用 executeRequest(_:withContext:) 方法把获取请求转交给它的持久化存储协调器。请注意这里上下文将自己作为第二个参数传入——它在后面会被使用到。

2. 持久化存储协调器通过调用每个存储上的 executeRequest(_:withContext:) 方法将获取请求转发给所有的持久化存储们 (假如你有多个存储)。再次注意：发起获取请求的上下文被传递给了持久化存储。

3. 持久化存储把获取请求转换成一个 SQL 语句，并把这个 SQL 语句发送给 SQLite。

4. SQLite 在存储的数据库文件里执行这个语句，并将所有匹配查询条件的所有行 (row) 返回给存储 (更多细节具体可以参考第 14 章)。这些行同时包含了对象的 ID (Object ID) 和属性的数据 (因为获取请求的 includesPropertyValues 选项默认值是 true)。对象的 ID 是存储里记录的唯一标识——事实上，它们是持久化存储的 ID、表的 ID 以及表中行的主键的一个组合。

   返回的原始数据是由数字、字符串和二进制大对象 (BLOB, Binary Large Objects) 这样的简单的数据类型组成的。它被存储在持久化存储的**行缓存 (row cache)** 里，一起存储的还有对象 ID 和缓存条目最后更新的时间戳。只要在上下文里存在某个特定对象 ID 的托管对象，含有这个对象 ID 的行缓存条目就会一直存在，无论这个对象是不是惰值 (fault)。

5. 持久化存储把它从 SQLite 存储接收到的对象 ID 实例化为托管对象，并把这些对象返回给协调器。为了实现这个目的，存储需要调用上下文的 objectWithID(_:) 方法，因为托管对象们都是被绑定到一个特定的上下文里的。

   获取请求的默认行为是返回托管对象 (其实还可以是其他的结果类型 (result types)，不过我们暂时不考虑它们)。这些对象默认是**惰值**，也就是一些没有填充实际数据的轻量级对象。它们承诺会在你需要的时候去加载数据 (后面会介绍更多关于惰值的内容)。

   但是，如果上下文里已存在具有相同对象 ID 的对象，那么这个已有的对象将会被使用。这就是所谓的**唯一性**：Core Data 保证在一个托管对象上下文里，无论你通过什么方式，只会得到唯一一个表示某块数据的对象。换句话说：也就是在相同的托管对象上下文里，表示相同数据的对象的指针地址也是相等的。

6. 持久化存储协调器把它从持久化存储中拿到的托管对象数组返回给上下文。

7. 因为获取请求的 includesPendingChanges 属性默认值是 true，在返回获取请求的结果之前，上下文会将那些正在等待进行的更改考虑进来，并相应地更新原来的结果。(等待进行的更改是指那些你在托管对象上下文里做过但是还没被保存的更新、插入或者删除操作)。结果里可能会添加了一些额外的对象，或者会有对象因为不再匹配查询条件而被移除。

8. 最后，一个匹配该获取请求的托管对象数组被返回给调用者。

所有的一切操作都是同步发生的——托管对象上下文和持久化存储协调器会被阻塞，直到获取请求被完成，如图 4.1 所示。

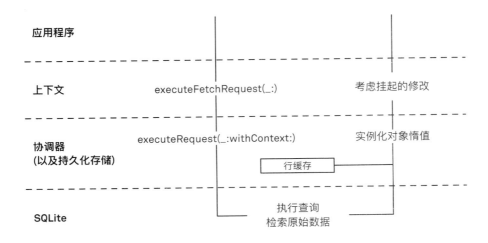

图 4.1　一个获取请求会一直降入到 SQLite 存储并往返

现在，你有了一个托管对象数组，用来表征你在获取请求里要求的数据。但是，由于这些对象是惰值，在你实际访问这些对象的数据时还会发生一些其他事情。我们将在下一节里讨论它们。

在这个过程中，最重要的部分是 Core Data 的**惰值化**和**唯一性**机制。惰值允许你无须在内存中实体化所有对象就能处理大数据集；唯一性可以确保对于相同的数据，你总是得到相同的对象，并且有且仅有一个对象副本。

对象惰值

你可以通过设置 returnsObjectsAsFaults 属性来控制获取请求是返回惰值，还是返回完全实体化的对象，它默认是 true。将其设置为 false，会让 Core Data 用实际数据预先填充返回的对象。如果你事先知道无论如何你都要使用所有的数据，那么这样做是有意义的。在这种情况下，你可以省掉一堆为了填充惰值而产生的往返于持久化存储层的开销。就算数据都已经在行缓存里，这也会是一个小的性能增益。

如果对象是一个惰值，在你访问它的其中一个属性的时候，会触发以下步骤来取回数据：

1. Core Data 的属性存取方法 (accessor) 内部会调用 willAccessValueForKey(_:)，这个方法会检查对象是否为惰值。

   Core Data 会在运行时为标记为 @NSManaged 的属性实现属性存取方法，所以它可以在读取和写入属性值时注入自己的行为，比如填充一个惰值。这也是 Core Data 可以感知你对某个属性值进行了修改的原因。这样做后，该对象会被记录为等待更改，并且需要被保存。

2. 因为这个对象是一个惰值，它会让它所属的上下文填充这个惰值，也就是取回缺少的数据。接下来，上下文会向它的持久化存储协调器请求这些数据。

3. 持久化存储协调器通过调用 newValuesForObjectWithID(_:withContext:) 方法向持久化存储请求与对象 ID 相关联的数据。

4. 持久化存储在行缓存里查找这个对象 ID 的数据。如果缓存的数据还没有失效，那么我们会命中缓存，数据被返回，我们的工作就结束了。

   缓存数据是否失效是由上下文的 stalenessInterval 属性来决定的。在默认情况下，它被设置为 0，这意味着缓存的数据永远不会失效，如果存在缓存，持久化储存协调器总会返回缓存里的数据。如果你设置 stalenessInterval 属性为正值，那么只有当缓存数据的最后更新时间小于失效的时间间隔(单位是秒)时，缓存数据才会被使用。

5. 如果我们没有命中缓存或缓存的数据已失效，持久化存储生会成相应的 SQL 语句来从 SQLite 里检索数据。持久化存储会执行这个 SQL 语句并将数据返回给协调器。新获取的数据也会被存储在行缓存里。

6. 现在，协调器把数据返回给上下文，托管对象被填充了数据：从惰值变成了实体化的对象，或者用 Core Data 的说法是，惰值已被填充。

   在这一步，行缓存里的原始数据被复制并转化成正确的托管对象的数据类型。例如，可转换属性会从它们的 NSData 表现形式转换成面向用户的类型。此外，上下文将保留这些数据的快照(snapshot)，目的是在你之后保存这些数据时能够检测和解决冲突。你可以在第 5 章里阅读到关于这一点的更多内容。

7. 最后，你访问的托管对象上的属性值被返回了，如图 4.2 所示。

正如你所看到的，从行缓存里填充惰值是一种相对廉价的操作——因为这一切都发生在内存里。但是，如果数据不存在于行缓存里，或者缓存失效了，填充惰值会触发一次到数据库的往返来获取最新的值。

执行普通的获取请求后(即其中的 returnsObjectsAsFaults 和 includesPropertyValues 属性都是 true)，所有你请求的数据会被加载到行缓存里。这样的结果是，填充返回的惰值的开销是相当廉价的——这是在较高内存占用和更快填充返回的惰值之间的一个权衡。

但是，通过设置 includesPropertyValues 属性为 false，你可以改变特定获取请求的默认行为，防止它从数据库里加载除对象 ID 之外的任何属性值。只获取对象 ID 本身可以非常有用。例如，Core Data 的批量获取的机制就是利用了这一点。我们将在下面更详细地讨论这个特别的例子。

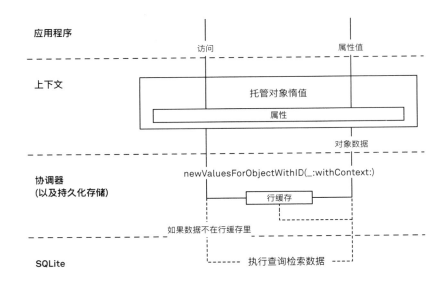

图 4.2　填充一个对象惰值时，如果数据不在行缓存里，会从 SQLite 里加载

如果将 includesPropertyValues 设置为 false，那么填充一个用这样的请求取回的对象的惰值，会导致另一次到 SQLite 的往返，除非这部分数据已经通过另一种方式取回了。这种获取请求的前期开销比较低，但是使用对象的开销可能会很昂贵。

我们会在第 6 章里谈论更多有关 Core Data 栈不同层的性能特质的内容。

刷新对象

当然，你也可以反过来把一个已经实体化的托管对象转成一个惰值。要做到这一点，可以为这个对象调用上下文的 refreshObject(_:mergeChanges:) 方法。这个方法的第二个参数 mergeChanges，只在对象有未保存的更改时才起作用。在这种情况下，传一个 true 值并不会把对象变成惰值；相反，它会从行缓存里更新那些不变的属性，并保留所有未保存的更改。这几乎总是你想要做的 (refreshAllObjects() 方法的做法也是如此)。

如果你指定 mergeChanges 为 false，那么这个对象会被强转成一个惰值，未保存的更改也会丢失。所以使用它时需要非常谨慎，尤其要处理的关系上有未保存的更改时。在这种情况下，强行把一个对象变成惰值可能会在你的数据里引入参照完整性问题 (referential integrity issue)。

> 译者注：参照完整性是数据库系统确保不同表里的关系保持一致的重要概念。因为一个双向关系的一端可能会因为强制刷新而被破坏掉。

获取请求有一个叫 shouldRefreshRefetchedObjects 的选项，它会导致上下文自动刷新所有已存在于上下文、同时也是获取结果一部分的对象。在默认情况下，一个已存在的实体化对象不会被获取请求所改变。设置 shouldRefreshRefetchedObjects 为 true 是一种确保返回的对象具有持久化存储里最新值的便捷方法。[1]

获取请求的结果类型

在通常情况下，如果你执行一个获取请求，那么你会得到一个托管对象的数组。不过，你也可以通过修改获取请求的 resultType 属性来请求其他的结果类型。除了默认值，还有其他三个选项：只获取对象的 ID、用字典的方式获取特定的属性，以及只获取匹配的行的数量。

仅获取对象的 ID 很简单：只需要把结果类型设置为 ManagedObjectIDResultType，获取请求将返回 NSManagedObjectID 实例的数组而不是通常的托管对象。但是请注意，这样的获取请求仍然会从数据库中加载匹配行的所有数据，并更新协调器的行缓存。如果你想防止这种行为，那么你还是需要把获取请求的 includesPropertyValues 属性设为 false。

只获取对象的 ID 有时是非常有用的。例如，我们可以设置这样一个获取请求：使用我们期望的谓词和排序描述符，但是指定结果类型为对象 ID，并设置 includesPropertyValues 为 false。这样获取请求会以非常低的开销返回一个固定的对象 ID 的列表。我们可以遍历这个列表，通过将所需要对象的 ID 传递到一个 self IN %@ 的谓词里增量地获取数据。这实际上就是 Core Data 在获取请求上实现批次获取 (batch size) 的做法。

结果类型 .CountResultType，在概念上等同于使用 countForFetchRequest(_:) 而不是 executeFetchRequest(_:) 方法。任何时候，如果你只需要知道结果的数量，那么请务必使用这个结果类型，而不是执行一个常规的获取请求然后对其结果计数。

最后，还有 .DictionaryResultType。虽然这个结果类型有点复杂，但是它的功能非常强大。它的基本思路是：一个使用字典结果类型的获取请求将不再返回一个托管对象的数组来表示你请求的数据，而是返回一个包含原始数据的字典的数组。这种行为让一些有趣的使用场景成为可能。

首先，你可以通过设置 propertiesToFetch 来指定只取回实体的某些属性。Core Data 之后只会把这些特定的属性加载到内存里，如果你正在操作一个非常大的表，那么这样做有益于提升性能和减小内存占用。

---

[1] 在写作本书的时候，shouldRefreshRefetchedObjects 并不能正常工作。这个问题已经在 radar 里记录了，编号是 rdar://21855854。

不过，更有意思的是，这种获取请求允许我们利用更多 SQLite 的能力来对我们的数据做各种操作。假设我们有一个 **Employee** 实体，它有一个 type 属性和一个 salary 属性。如果我们想知道员工 (employee) 的平均薪资 (salary)，并希望按员工的类型来分组，那么我们可以使用字典结果类型，它可以用一种更高的性能和更高效的内存使用方式来做到这一点，而不是手动地获取所有的员工对象，然后再遍历它们并汇总这些值：

```
let request = NSFetchRequest(entityName: "Employee")
request.resultType = .DictionaryResultType

let salaryExp = NSExpressionDescription()
salaryExp.expressionResultType = .DoubleAttributeType
salaryExp.expression = NSExpression(forFunction: "average:",
    arguments: [NSExpression(forKeyPath: "salary")])
salaryExp.name = "avgSalary"

request.propertiesToGroupBy = ["type"]
request.propertiesToFetch = ["type", salaryExp]

try! context.executeFetchRequest(request)
```

我们使用的是两个当 NSFetchRequest 类被设置为字典结果类型时才有效的属性：propertiesToGroupBy 和 propertiesToFetch。在 propertiesToGroupBy 属性里我们指定了在 SELECT 语句执行之前应该被用来分组的属性的名称（如果你不熟悉 SQL 语句，请参考第 14 章的内容）。在 propertiesToFetch 属性里我们指定哪些属性应该被获取。它们可以不是已有的属性——在我们的例子里，我们使用一个 NSExpression 对象创建了一个用聚合方法 (aggregate function) 来统计平均薪资的计算属性。

> 译者注：在数据库技术中，聚合方法或者合计方法指的是将某几行数据作为一组进行操作，再将操作的结果作为另外特定操作的输入的方法。在这个例子里，我们将所有人员的薪资聚合相加，然后将结果传递给 average:。

这个获取请求的结果将是一个字典数组，每个字典有两个键："type" 和 "avgSalary" (salaryExp 表达式的名称)。很多函数都支持 NSExpression，你可以用它们对计算出的值进行组合。具体更多细节可以参考 NSExpression 的文档[1]。如果你需要在大数据集上做计算，那么通过使用这种方法，你可以用更有效的方式来完成它。

---

[1] https://developer.apple.com/library/mac/documentation/Cocoa/Reference/Foundation/Classes/NSExpression_Class/index.html#//apple_ref/occ/clm/NSExpression/expressionForFunction:arguments:

批量获取

NSFetchRequest 有另一个属性能显著地改变我们上面讨论的步骤：它就是 fetchBatchSize 属性。它的使用方法很简单，但在幕后，Core Data 为了实现这个特性做了大量的努力。

假设你已经在数据库中存储了 100 000 个一种类型的对象，你希望用 table view 来展示它们。如果你像我们之前所做的那样，使用一个标准的获取请求，那么 Core Data 将返回 100 000 个惰值的数组——大量的对象需要被实例化。同时，Core Data 也将从 SQLite 加载 100 000 行的原始数据到行缓存里，这是一个巨大的开销，并且在任何时候这都是没有必要的。

这就是 fetchBatchSize 派上用场的地方了。例如，我们为 mood table view 这样设置获取请求：

```
let request = Mood.sortedFetchRequestWithPredicate(moodSource.predicate)
request.returnsObjectsAsFaults = false
request.fetchBatchSize = 20
```

当我们执行获取请求的时候，会发生以下步骤：

1. 持久化存储将所有主键 (对象 ID) 加载到内存中，并把它们转交回协调器。在这一步，谓词和排序描述符仍然会被使用，但是这个查询的结果只是一个对象 ID 的列表，而不是与它们相关联的所有数据。

2. 持久化存储协调器创建一个特殊的由这些对象 ID 组成的数组，并将这个数组返回给上下文。请注意这个数组不像我们上面看到的惰值的数组。因为数组背后的对象 ID 是一定的，所以数组的数目和里面的元素的位置也是固定的。不过这个数组没有被任何数据填充——它在必要的时候才会去获取数据。

一旦你访问数组里的元素，Core Data 就会在幕后处理这些按页加载的繁重任务。发生的过程如下：

1. 这个分批处理的数组注意到它缺少你正尝试访问的元素的数据，它会要求上下文加载你请求的索引附近数量为 fetchBatchSize 的一批对象。

2. 像往常一样，这个请求被持久化存储协调器转发到持久化存储，在那里执行适当的 SQL 语句来从 SQLite 加载这批数据。原始数据被存储在行缓存里，托管对象则被返回给协调器。

3. 因为我们已经设置了 returnsObjectsAsFaults 为 false，协调器会要求存储提供全部数据，然后用这些数据来填充对象，并将它们返回给上下文。

4. 这一批次的数组将返回你所请求的对象，并持有本批次里的其他对象，这样接下来如果你需要使用其中某个对象，就不必再次获取了。

当我们遍历数组时，Core Data 会额外加载几批所需要数据之外的对象，并以最近使用作为原则来保持少量批次，而较早的批次将会被释放。因此，使用 `fetchBatchSize` 允许我们通过一种内存非常高效的方式来遍历超大的对象集合。

值得注意的是，将分批次获取和设置 `returnsObjectsAsFaults` 为 `false` 组合起来使用是有意义的。这是因为我们一次只加载一小批的对象的数据。而且，我们很有可能是要立即使用这批数据——比如，用于填充 table 或 collection view。

异步获取请求

迄今为止，我们使用的执行获取请求的 API 都是同步的，也就是调用将会被阻塞，直到结果被返回。不过，Core Data 也有另一种可以异步执行获取请求的 API。使用异步 API，方法调用会立刻返回，你的程序会继续运行，同时 Core Data 会在后台获取数据，并会在有结果返回的时候进行回调：

```
let fetchRequest = NSFetchRequest(entityName: "Mood")
let asyncRequest = NSAsynchronousFetchRequest(fetchRequest: fetchRequest) {
    result in
    if let result = result.finalResult {
        // Results are in!
    }
}
try! context.executeRequest(asyncRequest)
```

你可以在异步获取请求上使用普通获取请求的全部功能。异步获取请求也可以和 `NSProgress` API 集成，你可以用它来监测进度或者取消正在进行的请求。如果你需要在大数据集上执行昂贵的获取请求，这就会很有用了。举一个例子，比如搜索时你使用了很复杂的谓词，可能等到搜索结果回来的时候你已经不再需要它们了。

4.2 关系

获取请求不是取回托管对象的唯一方式。事实上，通常我们应该避免使用获取请求，我们会在第 6 章里更详细地进行论证。一种替代的方法是，遍历关系属性来获取期望的对象。

我们已经详细讨论了惰值对象以及填充它们会发生什么。当讨论访问关系的时候，会涉及一个类似的概念：**关系惰值** (relationship faults)。

即使托管对象本身已经被完全实体化了，但这个对象上的关系仍然可以是惰值。这是一个强大的特性，它可以让你把对象加载到内存里时，不会自动地把可能与这些对象关联的整个对象图都加载进来。只有在你遍历一个关系的时候，对象图的其他部分才会被加载进内存。

对于"对一"和"对多"关系，关系惰值的功能会有所不同。让我们先来看看简单的对一关系。我们的示例应用程序里的 `Country` 实体上有一个 `continent` 关系。假设你现在有一个 country 对象 (它本身不是一个惰值) 并访问它的 `continent` 属性，那么 Core Data 会使用存储在对一关系里的对象 ID 来实例化相关联的 `Continent` 对象。如果这个 continent 对象之前还未加载到上下文里，那么这时它将会是一个惰值。一旦你访问它的任何属性，这个惰值会被填充，就像我们之前描述过的那样。

关系的另一端，`Continent` 上的 `countries` 更为复杂，因为它是一个对多的关系。对多关系的惰值是双层惰值 (two-level faults)。当你访问 continent 对象的 countries 关系时，Core Data 会向数据库请求相关的 country 对象的对象 ID 来填充第一层惰值。在这个时候，country 对象的数据还没被加载—返回的 country 对象全是惰值，数据也不在行缓存里 (除非这些数据在之前的不相关操作中已经被加载过)。只有在我们访问这些 country 对象惰值的其中某一个的属性的时候，Core Data 才会去获取数据并填充这个特定对象。

关系惰值在处理大数据时能让内存占用保持较小，这是一个非常强大的功能。在一些场景下，反复从数据库填充惰值，有可能会成为一个性能问题。我们会在第 6 章里有关获取请求的小节中讨论如何缓解这个潜在的问题。

4.3 其他取回托管对象的方法

除执行获取请求和遍历关系之外，还有其他一些取回托管对象的方法。

每个托管对象上下文在 `registeredObjects` 属性里持有一个在当前上下文里注册过的所有对象的列表。如果要获取特定 ID 的对象，那么可以调用上下文的 `objectRegisteredForID(_:)` 方法。如果上下文里不存在这个特定 ID 的对象，那么这个方法会返回 `nil`。但是这并不意味着在持久化存储里也没有这样的对象。`objectRegisteredForID(_:)` 方法不会执行任何 I/O 操作，它做的仅仅是在上下文的 `registeredObjects` 属性中进行搜索。

你也可以使用托管对象上下文的 `objectWithID(_:)` 方法。如果这个对象已经用对应的对象 ID 注册过，那么这个方法将返回该对象。但是，如果上下文里没有注册过这样的对象，那么上下文将创建一个含有指定对象 ID 的托管对象惰值。

这个方法不会做任何确保对象存在的检查。这个方法非常单纯——它假设你知道自己在做什么。假如你指定了一个不存在的 ID，那么你会得到含有这个对象 ID 的惰值，如果你接着试图访问它的任何属性，那么 Core Data 会立刻崩溃。但正因为这个方法没有做任何检查，所以它的速度非常快。

最后，还有一个 `existingObjectWithID(_:)` 方法。和前面的两个方法一样，如果给定 ID 的对象已经在上下文里注册过，那么它将直接返回这个对象。如果没有，那么它会尝试从持久化存储里获取指定的对象。如果在存储里也不存在含有这个 ID 的对象，那么该方法会抛出一个错误。因此，`existingObjectWithID(_:)` 方法可能会比较慢，因为它可能必须往返一次数据库才能获取指定对象 ID 的数据。

4.4 内存考量

上面我们所讨论的大部分内容的目的都是如何有效率地管理内存。Core Data 尽可能地让人们能够处理巨大的数据集，它只加载当前所需部分的对象图。基于对象 (和它的关系) 在默认情况下都被返回为惰值这一事实，通过合理地分批加载数据，可以让我们比较容易地处理大量数据，同时又保持较小的内存占用。

惰值化不仅能对普通操作下保持较小内存占用有所帮助，它同时也是一个回应内存警告 (你的 App 可能会收到 iOS 系统发出的内存不足的警告) 的好工具。你可以通过调用托管对象上下文的 `refreshAllObjects()` 方法来将不包含待保存改变的对象惰值化，从而释放暂时不需要使用的内存。

托管对象及其上下文

在默认情况下，托管对象上下文只保留那些含有未保存更改的托管对象的强引用。这意味着如果你的代码里没有强引用，那么这个托管对象会从上下文的 `registeredObjects` 里被移除并释放掉。同样的事情也适用于持久化存储在行缓存里保存的数据：一旦没有托管对象引用这个数据 (即不存在一个和行缓存里的对象 ID 条目相匹配的托管对象)，那么这些数据也会在行缓存里被移除掉。

这个默认行为有助于只在内存里保持目前正在使用的一部分对象图，它有可能是完全实体化后的托管对象，也可能是在行缓存里等待被使用的原始数据。但是，在某些情况下你可能希望能在内存中保持更多的对象，比如你知道你会需要反复地使用一组特定的对象。在这些情况下，你应该直接持有所需的对象，比如将它们存储在一个强引用数组里 (上下文有一个 retainsRegisteredObjects 属性，通过设置它可以保持所有已注册对象的强引用，但是 Apple 并不鼓励使用它，因为它很容易造成非常高的内存占用)。

关于持有对象的问题还有一个陷阱：托管对象上下文可以关联一个撤销管理器 (undo manager)。这在 OS X 上是默认的。撤销管理器会持有所有你在上下文里曾经修改过的对象，以便能够撤销任何已经完成的操作。这会影响我们上面描述的在内存里尽可能地只保持所需数据的机制。如果你不需要撤销管理，请确保把 undoManager 属性设为 nil 来禁用这个行为。

关系的循环引用

一旦开始使用关系，托管对象就可以持有其他托管对象的引用。因此，一个对象和它的数据如果被另一个对象所持有的话，那么它就会一直存在于上下文里。由于关系是双向的，一个关系如果在两个方向上都被遍历过的话，就会导致一个循环引用，如图 4.3 所示。

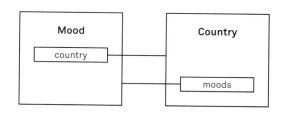

图 4.3 从两端访问同一个关系会造成两个对象的循环引用

为了打破这样的循环，我们必须至少刷新其中的一个对象。调用上下文的 refreshObject(_:mergeChanges:) 方法，这个对象仍将有效，但它的数据将会从上下文里消失。这不仅会影响到对象的属性，也会影响到它的关系，从而打破这个对象已有的循环引用，如图 4.4 所示。

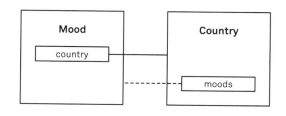

图 4.4 可以通过刷新至少一个对象来打破关系的循环引用

打破关系引用循环的最佳时机取决于你的使用场景。一个可能的时机是，在你不再需要这些的对象的时候去刷新它们——比如在从导航栈里弹出一个 view controller 并进行返回的时候。另一个可能的时机是，在你的应用程序进入后台的时候刷新所有的对象。

关于这一点，值得一提的是，刷新一个正在被你的 App 所使用着的对象（之后我们不得不再次实体化这个对象）并不像听起来那么糟糕。只要你持有对它的强引用，它的数据就将被保留在行缓存里，填充惰值的开销并不会很昂贵。

和往常一样，后面的性能分析和调试工具这章是帮你找到内存占用和性能之间的正确平衡的好帮手。

4.5 总结

为了能够以内存高效的方式处理大数据集，Core Data 为我们做了很多繁重的工作。它通过只在内存里保留我们当前所需对象图的部分来做到这一点。而使这一切成为可能的关键技术是关系惰值和批量获取请求。

为了实现这一目标，Core Data 有一个多层的架构，其中每层都有不同的性能和内存的取舍。与在托管对象上下文里注册过的对象交互是很快的，但是它对内存使用影响最大。从持久化存储的行缓存里填充对象的惰值的开销稍贵，但作为回报，行缓存会用内存高效的方式来存储数据。获取请求总是会从底层的 SQLite 数据库里检索数据，所以相比之下它们的开销会很昂贵，但是能保证总是返回最新的持久化数据。

如果我们需要在大数据集上进行计算，那么我们可以使用字典结果类型，利用 SQLite 的能力来有效地执行聚合方法，而不用把对象加载到内存里。

重点

- 获取请求总是会往返于数据库，并把数据载入行缓存，在默认情况下它将返回对象的惰值。

- 惰值是尚未被填充数据的轻量级的对象。访问惰值的属性会促使它取回它的数据，这就是所谓的 **填充 (fulfilling)**。

- 如果数据在行缓存里，那么填充一个对象惰值的开销会相对廉价。否则，将会从数据库里取回数据。如果为每个单独的对象完成许多次到数据库的往返会使得开销变得很昂贵。

- 获取请求有不少选项，这可以让我们更好地控制它们的实际行为，包括结果是否应被返回为惰值，实际的属性数据是否应该被全部加载等。
- 使用 fetchBatchSize 属性来避免一次性加载所有行的数据。如果你不是百分之百确定你确实立刻就需要使用所有的结果，那么你就应该使用这个属性。
- 注意从两边访问两个对象的关系会导致循环引用。你应该在适当的时候至少刷新一个对象来打破这种循环。

第 5 章　更改和保存数据

在本章中，我们会深入探讨当你在更改数据时，Core Data 栈中会发生什么。上至冲突检测时对数据变更进行追踪，下到对数据进行持久化处理，这些都将涉及对数据的更改。此外，我们还将着眼于一些能一次性修改多个对象的高级 API，并探讨它们的工作原理以及如何正确地使用它们。

和前面的章节一样，假设我们使用的是默认的 SQLite 持久化存储。

5.1　变更追踪

每个托管对象上下文都会记录你对它其中的托管对象做的所有更改。但在我们深入探讨这些细节之前，让我们先来看看变更追踪 (change tracking) 的整个过程。变更追踪发生在两个不同的层级里：

1. 两次调用 save() 方法之间

   为了能持久化你在特定上下文里所做的更改，Core Data 需要知道哪些对象已经被插入、删除和更新了。Core Data 还记录了每个未保存的对象上特定属性的更改。这种细粒度的变更追踪对解决冲突是非常重要的，我们之后会再讨论更多关于这部分的内容。保存上下文会触发一个 NSManagedObjectContextDidSaveNotification，这个通知包含自从上次保存以来所有更改的信息。

2. 两次调用 processPendingChanges() 方法之间

   这个方法通常会在两次保存之间被多次调用——比如它会在每个传递给 performBlock(_:) 的闭包执行之后被调用。在调用 processPendingChanges() 时会触发一个 NSManagedObjectContextObjectsDidChangeNotification，这个通知包含自从上次发出这类通知以来所有更改的信息。

让我们先来详细看看第二种变更追踪：也就是"对象已更改 (objects-did-change)"的通知循环。

通常你不需要自己调用 processPendingChanges() 方法。Core Data 会自动地调用这个方法 (比如在更改被保存时以及 performBlock(_:) 方法调用结束之前)。当它被调用的时候，会发生如下的事情：

1. 对于对象的删除，会根据它们的删除规则跨关系对删除进行传递。

    你可以通过设置上下文的 propagatesDeletesAtEndOfEvent 属性为 false 来改变这个默认行为，这样一来删除只会在保存的时候被传递。

2. 关系里的插入和删除会传递给它对应的反向关系。

3. 被挂起的更改会被合并，而且会被注册为一个撤销操作 (如果上下文设置了撤销管理器 (undo manager))。

4. 上下文发出一个 NSManagedObjectContextObjectsDidChangeNotification 通知。

    这个通知的 userInfo 字典将包含被插入、更新、删除以及自从上次 processPending-Changes() 方法被调用之后被刷新的对象集合。

当你监听"对象已更改"通知时，你可以得到自从上次"对象已更改"通知发出以来更为精确的更改信息。在被更改的对象上调用 changedValuesForCurrentEvent() 方法会返回一个精确到包含属性粒度级别的更改信息条目的字典：这个字典的键是被更改的属性的名称，而字典的值是这些属性的旧值。

监听"对象已更改"通知并且检查 changedValuesForCurrentEvent() 方法的返回值会非常有用，它是一个能在对象有更改时对 UI 进行更新的响应式方法。比如 NSFetchedResultsController 就使用了这种做法，我们也已经用它建立了一个托管对象观察者，用来在对象被删除的时候通知我们。

接下来，让我们来看看 Core Data 在 save() 之间的变更追踪。

你可以向托管对象和它们的上下文询问未保存的更改信息。在托管对象里，可以使用以下 API：

- hasChanges——一个简单的"脏"标志位，表明这个对象需要被保存 (这个标志位是由下面的三个属性组合而成的)。

- inserted——表明这个对象是新创建的，并且还没有被保存过。

- deleted——表明这个对象已被删除，并且在下次保存时将会从数据库里移除。

- updated——表明这个对象已被更改，也就是说你调用过一些 Core Data 属性的 setter 方法。

如果你想了解一个托管对象的值和它对应的持久化数据相比是否实际发生了更改，那么你应该检查它的 hasPersistentChangedValues。这个标志位使用该对象的当前值和它最后的持久化状态进行比较，并且只在这些值确实不同的时候是 true。请注意，这个比较并不是和持久化存储里的数据相比，而是和上一次保存的数据或者是从存储里获取的数据进行比较。

除了找出一个托管对象**是否**发生了更改，你也可以检查**什么**发生了更改。调用托管对象的 changedValues() 方法会返回一个字典，其中包含该对象自从上次被保存或被获取以来所更改的键和**新值**。如果你想知道任意属性 (而不仅仅是那些已被更改的属性) 的旧值，那么可以调用 committedValuesForKeys(_:) 方法。如果你要获得所有的旧值，那么直接给这个方法传一个 nil 即可。

到目前为止，我们只讨论了如何检查单个托管对象自从上次保存以来的更改。但是，你也可以使用上下文的下面这些属性来询问托管对象上下文本身是否有未保存的更改：

- hasChanges 是一个简单的"脏"标志位，如果上下文有等待的需要被保存的更改，那么这个标志位的值会是 true。
- insertedObjects、updatedObjects 和 deletedObjects 是对应的 inserted、updated 和 deleted 标志位值为 true 的对象集合。

现在，我们已经讨论了 Core Data 记录未保存的更改的方式，接下来我们将更详细地讨论当你真正保存这些更改时会发生什么。

5.2 保存更改

一旦你在一个托管对象上下文里做了更改，那么你会希望在某些时刻持久化这些更改。在本节中，我们会看看保存过程是如何工作的，以及冲突是如何处理的。

Core Data 会**事务地** (transactionally) 保存更改，也就是说，一组等待的更改要么作为一个整体被成功保存，要么一个都没有被持久化。如果保存失败，那么你有几个选择来决定如何处理这种情况，我们之后会再来看这些选择。

当你调用上下文的 save() 方法时，会发生以下的事情：

1. processPendingChanges() 方法被调用,并发出一个上面描述过的"对象已更改"通知。

2. 一个 NSManagedObjectContextWillSaveNotification 通知被发出。

3. 对所有更改的对象进行验证。

    如果验证失败,那么保存过程会被中止,并抛出一个类型为 NSManagedObjectValidationError 或者 NSValidationMultipleErrorsError 的错误。验证规则既可以在数据模型编辑器里设置,也可以在代码里进行设置。更多细节可以参考下面的小节。

4. willSave() 方法在所有的有未保存更改的托管对象上被调用。

    你可以在你的 NSManagedObject 子类里覆盖这个方法,比如用它来对自定义数据类型的序列化进行延迟处理等。如果这个时候你对托管对象做了进一步的更改(或者在上一步验证时进行了更改),Core Data 将按照顺序循环地调用 processPendingChanges() 方法,然后再次验证,并在所有未保存的对象上调用 willSave(),直到达到一个稳定的状态。

    你的责任是不要在这里创造一个死循环。举一个例子,如果你要在 willSave() 方法里做更改,那么你应该在调用 setter 方法之前测试设置的值和已有值是否相等,因为就算要设置的值和原来是相同的,对属性进行设置这个操作也会被当成一个更改。

5. 创建 NSSaveChangesRequest 并发送给持久化存储协调器。这个保存请求包含四组对象:已插入的、已更新的、已删除的和已锁定的。

    已锁定的对象包括那些虽然没有被更改,但仍应参与冲突检测过程的对象。在此期间,如果这些对象中的任意一个在持久化存储里发生了更改,那么保存将会失败。你可以通过调用上下文的 detectConflictsForObject(_:) 方法来将未更改的对象加入到冲突检测中去。

6. 持久化存储协调器通过调用自己的 obtainPermanentIDsForObjects(_:) 方法来从存储里获取新插入的对象的永久对象 ID。

    因为只有持久化存储拥有数据表中对象的主键的最终决定权,所以这一步是必需的。在你插入一个新的对象时,上下文会使用一个临时 ID,这个 ID 在保存请求执行过程中被会替换掉(你可以使用 NSManagedObjectID 的 temporaryID 标志位来检查一个 ID 是否是临时的)。

    当我们在第 13 章里查看 Core Data 的 SQL 调试输出时,可以看到替换 ID 这个操作是在实际保存之前,作为一个独立的 SQLite 事务发生的。

7. 持久化存储协调器将请求转发给持久化存储。

8. 持久化存储会检查从上下文最后一次获取后，你想保存的对象的数据在行缓存里是否被更改过。

   Core Data 为每个托管对象维护所谓的原始数据快照。这些快照表示持久化存储里数据的最后已知状态。在保存过程中，这些快照可以用来和行缓存里的数据相比：如果行缓存里的数据已更改，保存会失败或者根据上下文的合并策略进行处理。在后面会仔细讨论冲突的情况，但是现在假设不存在冲突并且保存可以正常进行。

9. 保存请求会被翻译成一个更新 SQLite 数据库里的数据的 SQL 查询语句。

   这是另一个可能发生冲突的地方。因为从上一次获取待保存对象上的数据之后，SQLite 数据库里的数据可能已经发生了更改。Core Data 如何处理这种情况也取决于上下文的合并策略。现在让我们再次假设没有冲突发生。

10. 成功保存后，持久化存储的行缓存会被更新为新的值。

11. didSave() 方法在所有被保存的托管对象上被调用。

12. 最后，NSManagedObjectContextDidSaveNotification 通知被发出。

    这个通知的 userInfo 字典包含已被插入、更新和删除的对象集合。使用这个通知的一个主要场景是：通过把通知作为参数传入并调用另一个托管对象上下文的 mergeChangesFromContextDidSaveNotification(_:) 方法，来把已保存的更改合并到这个上下文。我们会在第 7 和第 8 章里看到更多有关这方面的内容。

验证

如前文所述，在每次 Core Data 尝试保存等待的更改时，它首先会根据你提供的规则来检查更改的数据的有效性。

你可以在 Xcode 的数据模型编辑器里设置简单的验证规则，比如整数属性的最小值和最大值。当然你也可以通过代码来指定更复杂的规则。

验证在两个层级上工作：属性层级和对象层级。对于属性层级的验证，你可以在你的托管对象子类里为每个属性实现单独的验证方法。这些方法必须遵循 validate<PropertyName> 这种命名规则——比如：

```
public func validateLongitude(
    value: AutoreleasingUnsafeMutablePointer<AnyObject?>) throws
{
    guard let l = (value.memory as? NSNumber)?.doubleValue else { return }
```

```
    if l < -180 || l > 180 {
        throw propertyValidationErrorForKey("longitude",
            localizedDescription: "longitude has to be in range -180...180")
    }
}
```

首先，我们从传入到这个方法的 unsafe mutable pointer 里取出值，并将这个值转换为我们正在验证的属性类型。因为我们是在 guard 语句里来做这样的转换的，所以在值为 nil 的情况下我们会直接返回 (因为这个属性是一个可选值)。然后我们做一些必要的检查，如果检查失败，则抛出一个错误代码为 NSManagedObjectValidationError 的 NSError 实例。我们使用 NSManagedObject 的 propertyValidationErrorForKey(_:localizedDescription:) 方法来构建这样的错误实例。更多细节可以参考在 GitHub 上的代码[1]。

除开直接抛出一个错误，你也可以选择在合理的情况下修复这些无效的值。在上面的例子里，我们可以对经度值 (longitude) 的值进行换算处理，使它总是落在 -180 和 180 之间：

```
public func validateLongitude(
    value: AutoreleasingUnsafeMutablePointer<AnyObject?>) throws
{
    guard let l = (value.memory as? NSNumber)?.doubleValue else { return }
    if abs(l) > 180 {
        value.memory = -l/abs(l) * 180 + l % 180
    }
}
```

在验证代码中调用 Core Data 属性的 setter 方法需要格外小心。因为验证代码会反复运行，直到达到一个稳定的状态 (也就是没有新的更改被引入了)。如果你总是在验证过程中弄"脏"托管对象，那么你可能会陷入一个死循环。

除了属性层级的验证，你还可以实现操作跨属性的验证规则。为了实现这个目的，你需要覆盖 validateForInsert()、validateForUpdate() 或者 validateForDelete() 方法。你应该在你的覆盖方法的实现里调用 super，不然属性级别的验证不会发生。

如果你想从这些方法里返回多个验证错误，那么你应该抛出一个错误代码为 NSValidation-MultipleErrorsError 的错误并把错误们用 NSDetailedErrorsKey 键存储在 userInfo 字典里。把所有这些封装进便捷方法会很有帮助，因为这样可以把构建这些松散类型的 NSError 对象的代码都放到一个集中的地方。

---

[1] https://github.com/objcio/core-data/blob/master/SharedCode/CoreDataErrors.swift

如果发生验证错误，那么整个保存操作将会失败——也就是没有任何未保存的更改会被持久化。由你来决定如何解决错误并重新保存等待的更改。

保存冲突

当你同时处理多个上下文时，在保存更改的时候可能会引起冲突。不过在简单的单一上下文的设置下，就像我们在本书第一部分里使用的例子那样，你并不需要担心这个问题。但是如果你使用的是更复杂和可能并发的设置，那么你必须提前规划，如果发生了这样的保存冲突，应该要做什么处理。

在这里，我们只会给出 Core Data 冲突检测方式的简要描述 (我们将在第 9 章里更详细地探讨如何处理这些冲突)。

Core Data 采用一种叫乐观锁 (optimistic locking)[1] 的方法来处理冲突。这种方法之所以被称为乐观，是因为它把冲突的检查推迟到了上下文被保存的时候。

这种方法的思路是这样的：每个上下文都维护着每个托管对象数据的快照，这些快照表示的是每个对象最近的已知的持久化状态。当你保存一个上下文时，这个快照会被用来和行缓存里的数据以及在 SQLite 里的数据进行比较，以确保一切都没有更改。如果确实有更改，那么 Core Data 会使用上下文的合并策略来解决冲突。如果你不指定合并策略，那么 Core Data 的默认策略会直接抛出一个 `NSManagedObjectMergeError`。这个错误将包含关于哪里出错的详细信息。

Core Data 有几个预定义合并策略，它们能覆盖大多数应用场景。`NSRollbackMergePolicy` 会直接丢弃引起冲突的对象的更改。`NSOverwriteMergePolicy` 会忽略冲突并持久化所有更改。另外，还有两个工作在属性层级的预定义合并策略：`NSMergeByPropertyStoreTrumpMerge-Policy` 和 `NSMergeByPropertyObjectTrumpMergePolicy` 会把被更改对象的数据和持久化的数据按属性挨个进行合并。对于前者，存储里的数据会在冲突的情况下被保留。对于后者，则是在内存中的更改会被保留。

更多有关合并策略以及如何创建自定义合并策略的细节可以参考第 9 章。

5.3 批量更新

从 iOS 8 和 OS X 10.10 开始，Core Data 引入了一个新的 API，可以不用把所有要更改的对象都加载到内存里就能高效地完成批量更新。一年之后，iOS 9 和 OS X 10.11 引入了类似工作

---
[1] *https://en.wikipedia.org/wiki/Optimistic_concurrency_control*

方式的批量删除。

虽然新的批量更新和批量删除的 API 是 Core Data 工具箱里大受欢迎的补充，但是它们之前很长时间都不存在是有其原因的，那就是它们绕过了很多 Core Data 的正常操作流程。在某些情况下它们可能会给你带来显著的性能提升，但这同时也意味着很多事情将不再以你期望的方式工作。在本节中，我们会详细了解批量更新的工作方式，以及为了正确使用它们你需要了解的事情。

首先要理解的是，批量更新绕过了托管对象上下文和持久化存储协调器，它会直接对 SQLite 数据库进行操作。如果你用这种方式更新一个属性或者删除一条记录，无论是托管对象上下文还是协调器，都不会感知到这个变化。如果你不做一些额外的工作，那么这意味着所有常用的更新用户界面的机制 (比如 NSFetchedResultsController) 都将无法正常工作。另外，如果你没有考虑到要手动进行更改，那么你可能会在后续保存时遇到冲突。

由于批量更新直接在 SQLite 级别上操作，所以如果行缓存包含了所有或是部分受影响的对象的数据，那么在一次批量更新后行缓存里的数据也可能会过时。所以，仅通过调用上下文的 refreshObject(_:mergeChanges:) 甚至 refreshAllObjects() 方法来刷新托管对象是不够的——虽然它们可以将对象变成惰值，但是行缓存仍然持有那些旧的数据。下次在你访问其中这些对象的某个属性时，行缓存里过时的数据仍将会被再次使用。

我们在批量请求执行后有两种更新这些数据的可行方案：

1. 使用托管对象上下文类上的静态方法 mergeChangesFromRemoteContextSave(_:into-Contexts:)。

    它的第一个参数接受一个字典，这个字典中应该包含 NSInsertedObjectsKey、NSUpdatedObjectsKey 或 NSDeletedObjectsKey (取决于你所做的更改) 键，其对应的值为包含对象 ID 的数组。在幕后，这个方法会为那些已经在上下文中注册过的对象去从存储里获取新的数据，并更新行缓存。虽然这个 API 只在 iOS 9 和 OS X 10.11 之后才可用，但是使用它是我们的首选方案。

2. 使用获取请求重新获取数据，并刷新获取请求结果中在上下文里注册过那部分对象的数据。

    在你使用这个方法的时候，比较合理的做法是在获取请求里将结果类型设置为 .ManagedObjectIDResultType，从而避免创建不必要的托管对象实例。这样一来就算是你只请求了获取对象 ID，行缓存仍然会被更新。

对于第一个 (也是首选的) 做法，你需要所有被批量请求更改过的对象的对象 ID。我们可以设置它的结果类型来让批量请求返回这些对象的 ID，对于批量更新，结果类型应该设置

为 .UpdatedObjectIDsResultType，对于批量删除，结果类型应该设置为 .ResultTypeObjectIDs。获取请求会返回一个类型为 NSBatchUpdateResult 或者 NSBatchDeleteResult 的结果，两者都有一个包含对象 ID 数组的 result 属性：

```
batchUpdate.resultType = .UpdatedObjectIDsResultType
guard let result = try! context.executeRequest(batchUpdate) as?
    NSBatchUpdateResult else { fatalError("Wrong result type") }
guard let objectIDs = result.result as? [NSManagedObjectID]
    else { fatalError("Expected object IDs") }
let changes = [NSUpdatedObjectsKey: objectIDs]
NSManagedObjectContext.mergeChangesFromRemoteContextSave(changes,
    intoContexts: [context])
```

5.4 总结

Core Data 会记录你在托管对象级别和上下文级别所做的更改，并在 processPendingChanges() 方法被调用的时候发送一个"对象已更改"通知。就像 fetched results controller 所做的那样，你可以使用这些通知来应对数据的更改。在你保存更改的时候，Core Data 会运行你的验证规则，并使用两步乐观锁的方法来进行冲突检测。如果保存成功，Core Data 会发出一个"上下文已保存"通知。

批量更新和删除是更改数据的次要机制；因为它们会绕过所有 Core Data 的正常机制并直接操作持久化存储。对于大规模的更新(比如设置几千个对象的"read"标志)，批量请求效率会很高，但它也给你提出了很多责任，你要确保相应地更新托管对象上下文里和行缓存里的数据。

重点

- Core Data 会在调用 processPendingChanges() 方法以及调用 save() 方法之间追踪你对托管对象所做的更改。
- processPendingChanges() 方法会更新关系并发出"对象已更改"的通知，你可以同时使用托管对象的 changedValuesForCurrentEvent() API 来找出被更改的具体内容是什么。

- 托管对象和托管对象上下文有很多属性，包括但不限于 `hasChanges`、`changedValues()` 和 `insertedObjects`，它们可以用来找出自从上次数据被持久化以来被更改的内容是什么。

- 你可以在属性和对象级别上创建验证规则，这些规则在更改被保存的时候会被执行。如果任何一个规则失败，那么保存也会失败。

- 保存更改也可能因为托管对象上下文中的数据和持久化存储之间的数据有冲突而失败。这些冲突可以使用合理的合并策略来解决。但是只有在你使用多个托管对象上下文这样的复杂设置时，才需要担心这个问题。

- 批量更新和删除可以成为强有力的工具，但是你要知道它们的工作方式非常不同于你熟悉的其他 Core Data 的 API。

第 6 章 性能

在前面的一些章节中，我们探讨了很多关于 Core Data 内部是如何工作的内容。本章我们会从性能方面来对这些内部内容进行探讨，并介绍如何应用这些知识来让 Core Data 高性能地工作。

需要注意的是，性能并不仅仅是指运行速度。通过性能调优可以确保你的 App 能快速运行、动画流畅、用户操作不需要等待。此外性能还包括能耗：你调优 App 性能的同时也改善了电池寿命。同样的优化对能耗和速度都有影响。确保你的 App 在一台较慢的设备上流畅运行同样能让使用更新更快设备的用户受益，因为它的电池寿命将会更久。

6.1 Core Data 栈的性能特质

一个主要的性能提升来源是理解并正确地应用 Core Data 栈的性能特质，如图 6.1 所示。

我们可以大致地把 Core Data 栈分成三层。顺着栈从上往下看，每往下一层的复杂度都呈指数级增加——即对性能的影响会显著提高。这是一个极度简化但同时能帮助我们理解 Core Data 性能测试的强大的心智模型 (mental model)。

栈的顶层是托管对象和对应的上下文。只要我们的操作能停留在这一层，速度将会非常快。往下一层是持久化存储协调器及其行缓存 (row cache)，最后是 SQL 层和文件系统。

最微妙的是，我们的代码基本只会用到最上层，不过有些操作会间接导致 Core Data 深入到其他层。

假设我们需要访问托管对象的一个属性 (比如 Person 对象的 name 属性)。如果这个托管对象已经被完全实体化 (materialized，即不是一个惰值 (fault))，那么我们的操作会停留在上下文这一层。在我们简化过的性能模型中，这将会消耗 1 个单位的时间或者能量。如果这个托管对象是一个惰值，但是数据存在于持久化存储协调器的行缓存中，那么访问这个属性的操作将会降入协调器层，其结果是操作的开销比起上下文层会多大约 10 倍：也就是 10 个单位的时间或者能量。如果行缓存中也没有这个数据，那么我们将不得不从 SQL 存储中进行检索；与最开始的情况相比，操作的开销大约是 100 倍：也就是 100 个单位的时间或者能耗。

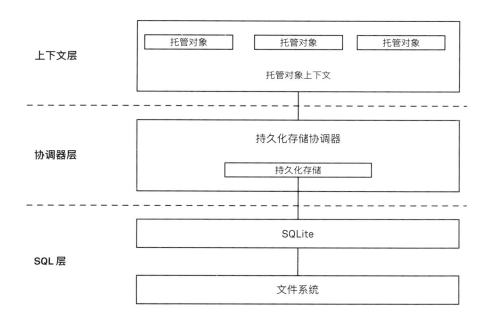

图 6.1　Core Data 栈的不同层级有不同的性能特质

再次注意，虽然我们的性能模型是一个极度简化的模型，但是它能很好地描述栈层次对性能的影响。为了使用 Core Data，我们需要让我们的数据处于上下文层，也即由上下文和托管对象所组成的层。我们需要下降到其他层才能把数据放到该层中来。因此，为了优化性能，我们需要尽可能地限制返回这些层的次数；这是几乎所有改善 Core Data 性能技术的关键部分。

详解性能

与上面提到的简化的 10 倍和 100 倍有所不同，衡量性能的实际的数字取决于你的应用程序实际做了什么，一般情况而言，我们无法给出精确的数字。但从性能的角度来看，我们可以研究一下这些层中具体都发生了什么。

托管对象上下文和托管对象是完全无锁的，因为它们只会同时被一个特定的队列访问。与这一层的交互是非常快的。如果托管对象被完全实体化 (即不是惰值) 了，访问或修改托管对象的属性的性能就和访问普通对象实例的属性如出一辙。

当我们不得不深入到协调器层时，性能的特质发生了变化。因为持久化协调器是线程安全的，所以为了保证线程安全，Core Data 需要加一些锁。如果能非竞态[1] (uncontended) 地访问协调器，那么操作同样会非常快。其访问的性能与非竞态自旋锁[2]相当。

> 译者注：非竞态锁指的是第一次请求加锁就能完成的锁，而不存在不同线程同时请求同一个锁的情况。

但是如果访问是竞态的，那么性能会显著下降。两个或多个托管对象上下文使用同一个持久化存储协调器并试图同时访问这个协调器时，任意指定的时间里只可能有一个上下文能访问它，其他的上下文则会被阻塞住，直到这个上下文访问结束。

在非竞态的场景下，从协调器的行缓存中拉取数据的开销基本可以忽略不计。但是假设我们在竞态条件下遍历全是惰值的托管对象集合，那么我们会连续跳入协调器层来填充这些惰值。这导致的结果是我们会多次承担被其他上下文占用持久化协调器而被阻塞住的风险；同时，我们也有可能多次阻塞其他上下文访问协调器，最后导致这个上下文和使用相同协调器的其他上下文的性能都会下降。

一旦我们调入到 SQL 层，还会有另一个性能转变。很多因素都会在这一点上发挥作用——这一层同样将会有锁。SQLite 使用文件系统锁来保证多个实例能访问同一个数据库文件。是否是竞态访问对 SQL 层的性能特征表现影响很大。此外，请记住 SQLite 会从文件系统中读取数据，所以只要执行 SQL 语句，我们其实进行的是文件系统数据的读写。即便是现代的操作系统，访问文件系统的速度也会比访问内存要慢得多，而且这会是数量级的差距。

我们执行 SQL 语句时经常能侥幸地获得不错的性能，这是因为 SQLite 会在所谓的页缓存 (page cache) 中缓存一些数据。另外，操作系统也会在空闲内存中缓存一些文件系统的数据。当数据库文件特别大的时候，缓存里无法放下它的所有数据；与小数据库相比，SQLite 访问这些数据的开销会变得特别昂贵。所以在这类情况下，我们访问数据的时候需要非常小心。

后面我们会详细讨论索引。假设我们有一个非常大的包含一系列产品的数据库，如果想从数据库中按产品编号来搜索特定的产品，则可以强制 SQLite 扫描整个数据库来找到匹配的产品。如果数据库文件非常大，那么会导致非常多的文件系统访问。

不过，SQLite 可以扫描索引而不是数据本身。索引本质上就是为了能被高效扫描所设计的较小的数据结构；正是因为它的高效布局和紧凑的大小，所以在寻找匹配的实体时，只有较少的数据需要被从文件系统转移到内存中。另外，索引还能显著改善排序的性能。

不过如果数据库比较小 (假设只有 200 个产品)，扫描索引的性能和扫描所有的产品可能会差不多，因为这两种情况基本都会命中 SQLite 的缓存。

---

[1] *https://en.wikipedia.org/wiki/Lock_(computer_science)#Granularity*
[2] *https://en.wikipedia.org/wiki/Spinlock*

只有我们使用多个持久化存储协调器访问同一个数据库的时候，SQL 层的锁才会对性能产生影响。我们将第 8 章中详细描述。Core Data 使用了 SQLite 的 Write-Ahead Logging (WAL) 日志模式，它最小化了竞态情况，可以并发地进行读写。但是还是会有一些可能的竞态情况——数量取决于每次改变集 (changesets) 的大小。

6.2 避免获取请求

对性能影响最大的是获取请求 (fetch request)。获取请求会遍历整个 Core Data 栈。一个获取请求，按照它的 API 约定，就算是从托管对象上下文中发起的，也会查询到文件系统的 SQLite 存储。

因此获取请求天生就很昂贵。我们在后面会探讨如何确保获取请求尽可能地廉价。尽管是一句漂亮话，仍然需要指出的是：最快的获取请求就是不发请求。换一个说法就是：尽可能地避免获取请求，可以获得最大的性能。如果你在本章中只能记住一点，那就是它了。

如何避免获取请求取决于你当前的实际情况，不过我们会介绍一些通常的模式，比如：使用关系，或者使用一个类似单例的对象。

关系

积极地使用关系在一些情况下能让你的 App 运行得更快。在这一节中，我们会采用下面的简单模型。假设我们有一个 City 实体和 Person 实体，它们关系如图 6.2 所示。

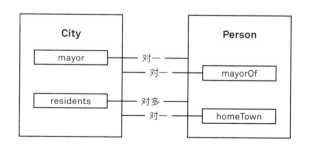

图 6.2　使用 City 和 Person 实体来作为关系的例子

每个 city 对象有 residents 和 mayor 属性。每个 person 对象有一个故乡 homeTown 属性，而且这个人还可以是某个 city 的市长：mayorOf。后面这组关系，也就是 mayor 和 mayorOf，是一个一对一的关系。

"对一"关系

假设我们有一个 City 对象，如果我们想知道这个市的市长是谁，那么有两种选择：(A) 访问 City 对象的 mayor 属性；或者 (B) 因为市长是一个 Person 对象，可以在 Person 上执行一个谓词为 mayorOf == %@ 的获取请求。这两种做法的性能特征差异很大。

如果我们选择访问 mayor 属性，那么会发生两件事情。首先，如果 City 对象是一个惰值，类似我们访问它的其他数据一样，数据需要先被填充。其次，一旦 City 对象实体化了，它的上下文会创建一个相应的 Person 对象作为这个市的市长，但是，这个 Person 对象也是一个惰值，除非它已经被访问过了。

对于最后部分的理解非常重要。Core Data 强制对象的唯一性。如果 Person 对象已经在上下文里注册过，那么 city 对象的 mayor 属性会指向这个实例。如果这个 Person 对象已经被完全实体化了 (非惰值)，那么它的 mayor 属性将会指向这个被完全实体化的 Person 对象。

在很多应用程序中，有些对象会被多次使用到。因为这些对象在应用程序的其他地方已经被持有了，所以很可能已经在上下文里注册过。在这种情况下，遍历关系的开销会比执行获取请求的开销廉价得多。

再次注意，(A) 选项下分成两步。首先是获取 Person 对象的 ID——这一步在 City 的属性被获取的时候完成。然后是获取 Person 对象的所有属性。这一步会在它们被访问的时候完成。

与执行获取请求的 (B) 选项相比，因为 API 约定，获取请求**总是**会通过所有层并与文件系统交互来检索对应的 Person 对象。而在 (A) 选项中，这个往返只在需要的时候发生。

但是在 (A) 选项中当 City 对象是惰值的时候的确还需要一个额外的实体化过程。在 (B) 选项中就不用。

现在就很清楚了，所以通常最好的选择是使用关系遍历 mayor 属性。如果我们使用 City 对象来填充我们的 UI，那么它就已经被实体化了。即便是在最坏的情况下遍历关系的开销也会和执行获取请求相同；但是我们有很大的概率不需要进入协调器和 SQL 层。

"对多"关系

"对多"的关系稍微有点不同，它们使用两步惰值化。

City 对象有一个 residents 属性，这是一个指向 Person 的对多关系。与对一关系类似，有两个选择：(A) 访问 City 对象的 residents 属性；或者 (B) 执行谓词为 homeTown == %@ 的 Person 对象的获取请求。

这个获取请求的工作方式类似对一关系，唯一的区别是我们可能检索出多个对象。

这里比较有趣的是遍历关系的行为。如果 City 对象的属性已经被实体化了，那么 residents 属性会变成所谓的**关系惰值 (relationship fault)**。相应地，如果 City 对象是一个惰值，访问 residents 对象会实体化它的属性。但是 residents 仍然会是一个关系惰值。

residents 属性返回的是关系惰值对象，它是一个 Set (或者 Objective-C 里的 NSSet)，在幕后，它延迟了数据加载。只有当我们访问它的元素或者它的计数的时候，Core Data 才会解析关系并且填充关系所指向的对象：Core Data 会把对应的 Person 对象插入到 Set 里。如果单个的 Person 对象没有在上下文里注册，那么它们会全是惰值。如果它们中的一些已经存在了 (无论是惰值或者完全实体化)，那么这些存在的实例会被插入到集合里。

对于对多关系，选择哪种做法的考量与对一关系是类似的。

如果关系另一端的对象已经在上下文里注册过可能性较大，那么使用关系会更有意义，因为我们不用再从 SQLite 中取回这些对象的数据。如果这些对象不太可能被注册过 (特别是大部分对象都没注册过)，那么执行获取请求会更有意义。一个折中的做法是：我们可以获取对多关系里的对象，如果存在还是惰值的对象，那么我们为这些对象执行获取请求。具体的做法可以参考后面的小节避免多次、连续的惰值中提到的 fetchObjectsThatAreFaults() 方法。

举一个例子，假设我们有一些 Person 和 City 实体。每个 Person 对象都有一个指向 City 实体的对多关系 visitedCities，而且我们知道在整个对象图 (object graph) 里总共会有大概 50 个 City 对象。所以我们可以把所有的城市数据都放入内存里，这其实是后面的小数据集 (small datasets) 一节里介绍的技巧。遍历 visitedCities 关系总会比执行获取请求要快。

有序关系

有序关系在我们的模型中有时会很方便。但是，这同样代表了某些性能上的取舍。在碰到那些需要插入或更新对象的场景时，一个有序的关系会更慢，这是因为 Core Data 还要管理和持久化这些顺序。而对于无序的对多关系，Core Data 并不需要维护任何有关顺序的信息。如果我们需要按一定顺序取回对象，从有序的关系里取回预先排序好的数据会比先取回数据后再进行排序要快。即使这个排序是像排序性能部分里描述的那样在 SQLite 中完成的，也还是前者更快。

搜索特定的对象

我们经常，特别是在处理网络更新的代码里，需要搜索符合特定谓词的单个对象。如果后端告诉我们一个具有**远端标识符 (remote identifier)** 的对象发生了变化或者被删除了，那么我们首先要找到这个对象，然后才能对它执行更新或者删除操作。

同样，在种情况下我们经常也能避免发起获取请求。我们直接检查上下文看是否存在满足我们正在查找的谓词的对象。如果存在，那么我们直接返回这个对象；否则的话我们执行获取请求。不过这种做法只在我们知道有且只有一个符合特定谓词的对象的情况下才有效。

我们可以使用如下的辅助方法：

```
extension ManagedObjectType where Self: ManagedObject {
    public static func findOrFetchInContext(moc: NSManagedObjectContext,
        matchingPredicate predicate: NSPredicate) -> Self?
    {
        guard let obj = materializedObjectInContext(moc,
            matchingPredicate: predicate)
        else {
            return fetchInContext(moc) { request in
                request.predicate = predicate
                request.returnsObjectsAsFaults = false
                request.fetchLimit = 1
            }.first
        }
        return obj
    }
}
```

这段代码里调用了我们在 ManagedObjectType 里添加的这个方法：

```
extension ManagedObjectType where Self: ManagedObject {
    public static func materializedObjectInContext(
        moc: NSManagedObjectContext,
        matchingPredicate predicate: NSPredicate) -> Self?
    {
        for obj in moc.registeredObjects where !obj.fault {
            guard let res = obj as? Self
                where predicate.evaluateWithObject(res)
                else { continue }
            return res
        }
```

```
        return nil
    }
}
```

如果你的代码可能会多次请求同样的对象的话,这个小技巧就可以派上用场了。

类似单例的对象

在很多应用程序里,我们需要频繁地访问一些特定的对象。假设我们有一个 Person 实体和类,如果我们用一个 Person 对象来表示登录后的用户,那么我们可能会频繁地从很多地方访问这个对象。

我们可以使用上面提到的代码来搜索一个特定的对象。但是在这种情况下,我们可以更进一步:我们把这个对象放入托管对象上下文的 userInfo 字典里。这种做法可以保证这个对象总被强引用着。

我们的目的是编写一个 Person 类的静态方法,就像:

```
extension Person {
    static func personForLoggedInUserInContext(
        moc: NSManagedObjectContext) -> Person?
    {
        // ...
    }
}
```

为了达到这个目的,我们通过给 NSManagedObjectContext 类添加两个辅助方法开始,通过这两个方法我们就可以使用缓存键 (cache key) 来 get 和 set 上下文里的托管对象:

```
private let SingleObjectCacheKey = "SingleObjectCache"
private typealias SingleObjectCache = [String:NSManagedObject]

extension NSManagedObjectContext {
    public func setObject(object: NSManagedObject?,
        forSingleObjectCacheKey key: String)
    {
```

```
        var cache = userInfo[SingleObjectCacheKey] as? SingleObjectCache ?? [:]
        cache[key] = object
        userInfo[SingleObjectCacheKey] = cache
    }

    public func objectForSingleObjectCacheKey(key: String)
        -> NSManagedObject?
    {
        guard let cache = userInfo[SingleObjectCacheKey]
            as? [String:NSManagedObject]
            else { return nil }
        return cache[key]
    }
}
```

然后我们可以在 `ManagedObjectType` 协议里定义一个使用这些辅助方法的 `fetchSingleObjectInContext(_:cacheKey:configure:)` 的方法。这个方法会尝试先从上下文的 `userInfo` 字典缓存里获取对象；如果没有获取到，那么这个方法会再调用一个私有方法，该私有方法最终会执行获取请求：

```
extension ManagedObjectType where Self: ManagedObject {
    public static func fetchSingleObjectInContext(
        moc: NSManagedObjectContext, cacheKey: String,
        configure: NSFetchRequest -> ()) -> Self?
    {
        guard let cached = moc.objectForSingleObjectCacheKey(cacheKey)
            as? Self else
        {
            let result = fetchSingleObjectInContext(moc, configure: configure)
            moc.setObject(result, forSingleObjectCacheKey: cacheKey)
            return result
        }
        return cached
    }
```

```
    private static func fetchSingleObjectInContext(
        moc: NSManagedObjectContext, configure: NSFetchRequest -> ())
        -> Self?
    {
        let result = fetchInContext(moc) { request in
            configure(request)
            request.fetchLimit = 2
        }
        switch result.count {
        case 0: return nil
        case 1: return result[0]
        default: fatalError("Returned multiple objects, expected max 1")
        }
    }
}
```

现在我们可以实现 personForLoggedInUserInContext(_:) 方法了：

```
extension Person {
    static func personForLoggedInUserInContext(
        moc: NSManagedObjectContext) -> Person?
    {
        return fetchSingleObjectInContext(moc, cacheKey: "loggedInUser") {
            request in
            request.predicate = NSPredicate(format: "self == %@", objectID)
        }
    }
}
```

例如，已登录用户的 objectID 可以存储在持久化存储的元数据里。

当 personForLoggedInUserInContext(_:) 方法第一次被调用时的时候，我们还是会执行获取请求，性能和之前一样；但是后续的调用就会特别快了。需要记住的重要的一点是：我们必须要很小心地处理这个对象可能被删除的情况：我们需要清除在 userInfo 字典里的缓存记录。

小数据集

另外的场景是处理相对小的数据集。要么事先你就知道整个 App 的对象数量不会超过几百个，要么你知道特定的实体的对象数目不会超过几百个。

如果你的数据集很小，那么直接把整个数据库一次性加载到内存，并在内存里操作它们很可能是值得的。比如你可以用一个获取请求把所有对象都加载到上下文里，然后存入一个数组，保证这些对象会被强引用着。

一个选择是把这个数组放入上下文的 userInfo 字典里，但是把这些对象放到其他位置可能会更合适一些，比如 view controller 里。这完全取决于你的 App 会如何使用这些对象，以及它们需要被持有多久。

如果你需要某个实体的所有的对象，那么你可以直接使用之前创建的数组。如果你需要搜索符合特定谓词的对象，你可以从数组里过滤出这些对象，对于小数据集这种做法会很快。对于排序亦然：如果对象已经在内存里(并且不是惰值)，那么在内存里的排序会非常高效。

这些方法对于小的数据集而言非常适用，但是很显然，如果你需要处理成千上万的对象，那么这些方法就意义不大了。

6.3　优化获取请求

获取请求在很多情况下还是必要的，我们可以做很多事情来确保获得最佳性能。

执行获取请求有两部分很昂贵。到目前为止，最昂贵的是在 SQLite 数据库里查询数据的操作。其他的开销主要是花费在从存储中移动数据到行缓存的时候(最终会移动到托管对象上下文里)。

第 10 章全是讨论谓词的内容。所以这里我们将只探讨获取请求的其他性能问题。

对象排序

注意，SQLite 排序对象是很快的，特别是按建有索引的属性进行排序的话。下面会提到更多关于索引的内容。

当我们通过获取请求从 Core Data 获取多个对象时，我们几乎总是希望以特定的顺序来将这些对象展示给用户。而给获取请求设置合适的 NSSortDescriptor 来让 SQLite 进行排序几乎每次都是最好的做法。

导致获取后再进行排序时速度很慢的原因有许多。假如你使用任何 Array 或 NSArray 的排序方法，这些方法会访问数组里的每个托管对象的属性，结果会导致数组里的每个对象都被实体化。如果我们就只需要全是惰值的数组或是进行批次获取 (batch size (见下文) 的数组，那么在内存里的这种排序会违背我们的初衷。

另外，对于某个属性的 SQLite 索引可以让 SQLite 返回按这个属性预先排好序的数据，与之后在内存里排序相比与获取之后的排序，这几乎不会带来什么开销。所以请务必要阅读下面有关索引的内容。

避免多个、连续的惰值

首先，让我们看一看使用获取请求确实能改善性能的情况。假设我们有多个是惰值的对象，如果我们想访问它们的属性，则会触发每个对象填充惰值，带来的开销会比较大。反而是批量实体化所有对象会更快。我们可以执行一个获取请求来获取所有我们感兴趣的对象。

因为 Core Data 保证对象的唯一性。我们其实并不需要使用这个获取请求返回的结果，就能让我们已经持有的对象更新。

对于相同实体的一系列对象，下面的代码会为那些是惰值的对象执行获取请求：

```
extension CollectionType where Generator.Element: NSManagedObject {
    public func fetchObjectsThatAreFaults() {
        guard !self.isEmpty else { return }
        guard let context = self.first?.managedObjectContext
            else { fatalError("Managed object must have context") }
        let faults = self.filter { $0.fault }
        guard let mo = faults.first else { return }
        let request = NSFetchRequest()
        request.entity = mo.entity
        request.returnsObjectsAsFaults = false
        request.predicate = NSPredicate(format: "self in %@", faults)
        try! context.executeFetchRequest(request)
    }
}
```

我们在展示 mood 对象的 table view controller 中使用这个技术。每个 table view cell 展示了被拍摄的 mood 的国家的名字。如果 table view 显示的是在某个大陆里拍摄的所有 mood，那么会有很大概率并非所有国家的对象都已经被加载了。

我们希望避免为每个 country 惰值都访问一次 SQLite。所以通过上面的 fetchObjectsThatAre-Faults() 辅助方法，我们在 table view controller 显示的时候预加载了 country 惰值的数据。

```
extension MoodSource {
    func prefetchInContext(context: NSManagedObjectContext)
        -> [MoodyModel.Country]
    {
        switch self {
        case .Continent(let c):
            c.countries.fetchObjectsThatAreFaults()
            return Array(c.countries)
        default: return []
        }
    }
}
```

批量获取

当使用 fetch results controller 的时候，你可能希望给底层的获取请求设置一个批次大小，只获取必要的数据。比如下面的设置：

```
request.returnsObjectsAsFaults = false
request.fetchBatchSize = <合适的大小>
```

获取请求返回的对象会被立刻呈现出来，所以我们希望这些对象的属性能立刻被填充。如果没有这样做，那么返回的对象会全是惰值：对象的数据只会被载入到行缓存里，只有当对象属性被访问的时候才会被后续加载到上下文里。我们会为每个对象都付出和持久化存储协调器交互的代价。

另外一个设置批次大小的重要的原因是：我们限制了数据从存储层传递到持久化存储协调器和托管对象上下文的数据数量。这让结果相当不同，特别是对于大的数据集而言；如果不设置批次大小，那么 Core Data 会把所有满足条件的对象移动到行缓存里，这样不仅占用内存还会花费更多时间和消耗更多的电量。

如果我们设置了批次大小，那么我们会引入遍历数据集带来的新的开销：当用户滚动列表的时候，每隔一定的间隔，我们就不得不去获取新的下一批次的数据。不过通过设置合适的批次大小，我们可以确保每批的开销相对较小，而且不会太频繁地去支付这个开销。

通过使用 Instruments，我们可以精细地调整批次的大小。通常保守的猜测会花费我们很长的时间，一条经验法则是，适合一屏显示项数的 1.3 倍会是一个合适的初始值。需要记住重要的一点是，一屏显示所需的数量是设备相关的。对于 table view，我们可以直接用屏幕的高度除以行高，然后乘以 1.3 就很合适了，尽管 table view 的高度实际上会比屏幕高度小那么一些。

Fetched Results Controller

大部分 fetched results controller 的性能特质直接依赖于底层的获取请求。特别是确保能够利用 SQLite 存储里的索引来进行排序是非常重要的。下面我们会讨论更多有关索引的内容。

另外 fetched results controllers 可以使用持久化的缓存。这种缓存能加速后续使用的相同 fetched results controller。持久化缓存很适合那些在每次 App 启动之间很少改动的数据。使用持久化缓存可以提高 App 的启动性能。同时它对于 fetched results controller 需要展示很大数据集的时候也有帮助。

在创建 fetched results controller 的时候，可以传入一个 `cacheName` 参数。这样就告诉 Core Data 使用持久化缓存。相应的获取请求的名称和 section 名字的 key path 需要在 App 里是唯一的。`NSFetchedResultsController` 的文档里有更详细的介绍。

关系预加载

就像前面提到的，获取请求返回的对象默认没有填充它们的属性，这些数据只会加载到行缓存里。只有设置 `returnsObjectsAsFaults` 为 `false` 的时候，对象才会被完整填充，也就是说，它将不是一个惰值。对于关系而言，情况就复杂得多了。对于对一关系，获取请求会把目标对象的 ID 作为获取的一部分取出。而对于对多关系，则不会做额外的工作。

当我们访问关系的另一端的对象时，会触发一个惰值；对于对多关系，这甚至会导致双重惰值。

在我们知道确实需要访问关系的另一端的对象的情况下，我们可以让获取请求预加载这些对象：

`request.relationshipKeyPathsForPrefetching = ["mayorOf"]`

我们甚至可以通过使用 key path 来深入对象图的层级 (比如 "friends.posts" 会预加载 "friends" 关系指向的对象，然后对于每个对象，会预加载 "posts" 关系指向的对象)。

但是，需要着重指出的是，如果你需要通过关系的预加载来展示 table view，这通常是一种坏代码的味道。如果类似的需求多次出现，那么你应该审视你的模型，问问自己对这些模型去规范化 (denormalizing) 会不会有所帮助。之后我们会谈论更多有关于去规范化的内容。

索引

一个托管对象模型可以指定某个属性应该被索引，或者为特定的属性组合创建所谓的**组合索引** (compound index)。如果你设置了索引，Core Data 会让 SQLite 创建这样的一个索引。

索引能从两个不同的方向改善性能：一是可以显著提高排序的性能，二是可以显著提高使用谓词的获取请求的性能。

必须要指出的是，添加索引也是有代价的：添加和更新数据时需要更新对应的索引，数据库文件也会因为包含了索引而变得更大。

假设我们有一个 City 实体，其中的一个属性是 population。

name	population
Berlin	3,562,166
San Francisco	852,469
Beijing	21,516,000
...	

如果我们向 Core Data 请求人口超过一百万人的所有城市，Core Data 会让 SQLite 从这些城市里过滤并只返回人口超过一百万认的城市。如果我们没有建 population 的索引，则 SQLite 能做的就是遍历并检查看每个城市的人口是否满足条件。

由于 SQLite 会扫描整个表，所以会执行多次比较操作：每个条目一次。另外一个潜在的非常昂贵的操作是移动城市的所有条目，这样会带出除人口之外的其他的很多数据。这样做的话，SQLite 将不得不从文件系统中把很多与人口不相关的数据移动到内存里。因为文件系统 (就像 SQLite 那样) 的数据是按照**页** (page) 来组织的，因此需要从文件系统中整块整块地移动数据。

如果我们给 City 实体的 population 属性加上索引，SQLite 会在数据库中另外创建的一个数据结构。这个索引只会包含所有的城市的人口数据。这个数据结构设计得很高效，可以满足快速地按 population 属性排序，或者搜索大于、小于以及等于特定值的需求。索引的高效在于设计方式和紧凑的大小。

当我们修改或者插入新的条目的时候，SQLite 会更新 City 实体的所有索引，每个索引都会增加额外的开销。

请记住，给一个实体添加索引是需要再三权衡的。虽然索引会让查询很快，但它同时会让数据库变得更大，数据的改动操作也变得更昂贵。重要的是我们需要知道这些利弊，并衡量它们相应的性能。对关键路径添加性能测试用例，来避免性能退化会很有意义。

是否添加索引，取决于在你的应用程序中，获取数据与修改数据频繁程度的比例。如果更新或者插入非常频繁，那么最好不要添加索引。如果更新或插入不频繁，而查询和搜索非常频繁，那么添加索引会是一个好主意。

还有一个因素是数据集的大小：如果实体的数目相对较小，那么添加索引并不能给我们带来多少帮助，因为数据库扫描所有数据也很快。但是如果数量巨大，那么添加索引就可能可以显著改善性能。

复合索引

Core Data 通过 SQLite 也支持复合索引。复合索引为两个或者多个属性的组合的搜索和排序服务。

假设我们的 City 实体有一个 isCapital 的属性，1 表示是国家的首都，0 表示不是。我们希望给所有的城市排序，首都在前面显示，后面是其他的城市，每组的城市再按人口进行排序。

通过给 isCapital 添加普通索引（我们第一部分的排序）能改善查询（即获取请求）的性能。不过这样只能加速一点点，还有更好的方法，我们可以添加一个基于 isCapital 和 population 的**复合索引**，如图 6.3 所示。

图 6.3　在数据模型编辑器里创建复合索引

这个复合索引对于同时包含两个属性，并且符合复合索引指定的顺序的查询会非常高效。对于 isCapital,population 这个复合索引，我们可以利用它来先按 isCapital 排序然后按 population 排序，或者是只按 isCapital 排序。如果我们只想按 population 排序，那么并不能使用这个复合索引。

与单属性索引类似，需要记住的是：复合索引也会增大数据库的大小。在你添加复合索引之前，检查是否和已有的单属性的索引重叠是很重要的。一个 isCapital,population 的复合索引与一个 isCapital 的单属性索引一同存在，对比只有一个 isCapital,population 的复合索引的情况，并不会改善获取请求的性能。但是 SQLite 在有改动的时候仍需要同时更新它们，这会造成数据库的更新操作变得更昂贵。另外，由于 SQLite 查询规划器 (query planner)[1] 的实现方式，对于一个给定的获取请求，SQLite 一次只能使用一个索引。

对于大的数据库和频繁的复杂查询，复合索引可能会有用。但最终来说，只有分析你的实际使用场景，才能得出明确的答案。

请务必阅读第 13 章，学会检查 SQLite 对于特定的获取请求是否使用了你给模型添加的索引。这一章节还解释了如何使用 SQLite 的 EXPLAIN QUERY PLAN 命令来帮助理解 SQLite 内部是如何对数据进行搜索和排序的。

6.4 插入和修改对象

从概念上说，插入和修改是获取请求的对立操作。数据会从托管对象上下文沿着栈一直深入到存储层；对于新插入的对象，还会把新的对象 id 传回到托管对象上下文。

值得注意的是，在上下文层中插入新对象或者修改已有对象的操作开销都很小，因为这些操作只接触到了托管对象上下文层，没有接触到 SQLite 层。

只有当这些改动被持久化到存储层的时候开销才会相对较高。因为持久化操作会涉及协调器层和 SQL 层。也就是说，调用 save() 是非常昂贵的。

性能优化的关键原理很简单，减少保存的次数就可以了。但是我们需要保持一个平衡：保存一个大的改动会增加内存消耗，因为上下文会一直记录这些改动直到它们被保存；同时，与保存小的改动相比，保存大的改动需要消耗更多的 CPU 资源和内存。不过一般而言，保存一个大的改变集会比保存很多小的改动集付出的代价要更低。

另外一个非常重要的考量是，主上下文和主线程/队列会被阻塞多久。这一般和你特定的 Core Data 栈设置有关，主上下文由于保存导致的阻塞会有以下几个原因。

---

[1] *https://www.sqlite.org/queryplanner.html*

1. 主上下文自己在保存改动。

   根据你的实际问题，较长时间的阻塞主线程可能是合适的，因为 60Hz 刷新率会要求保存的时间不超过 16 毫秒，如果你的保存操作不会发生在用户与 UI 交互的时候，那么花费 20~30 毫秒是可以接受的。不过这种做法只在很少的情况可行。大部分情况是发生在主线程的改动集很小：用户只会修改或插入一个或者几个对象，然后进行保存。

2. 非主线程上下文的保存改动正在被合并进主上下文。

   这很有可能会发生在后台上下文 (私有队列) 正在工作，而用户同时在和 UI 交互的时候。"**上下文已保存**"通知将会被合并到主线程的上下文里，而这些合并操作是在主线程里进行的。如果后台上下文执行了一个非常大的保存操作，就会让主上下文做很多工作，最终会导致主线程被阻塞。

我们将会在第 8 章里讨论更多有关不同 Core Data 栈的设置和它们各有哪些优缺点。

还有，就像我们在第 5 章提到的那样，save() 方法是事务性的 (transactional)。也就是说，save() 操作是一个单独的逻辑单元，它会对所有在上下文中的数据进行处理，在执行 save() 时所有的更改都会被提交。如果保存不成功，那么所有的保存都不会起效，并不会出现部分内容保存成功的情况。

6.5　如何构建高效的数据模型

人们往往倾向于将模型切分成多个实体，但是很多时候相反的做法的性能会更好。

当我们创建一个数据模型的时候，最好的做法是审视一下数据是如何呈现给用户的。对一个 table view 来说，最好是创建一个数据模型能把单个 cell 显示所需要的数据都包含在一个实体里。

如果显示单个 cell 所需要的数据被切分成了多个实体，那么 Core Data 为了显示一个 cell 而不得不去获取多个对象。考虑到获取每个对象都有固定大小的开销，这会使得总的开销变得很高。而获取大对象和获取小对象的开销差别比起执行获取请求来说，其实是微不足道的。

一对一关系通常可以被内联。假设我们的模型里有 **Person** 和 **Pet** 实体，它们之间的关系是一对一，我们可以将这个信息内联到一个的实体里——`PersonWithPet`——它同时包含 `personName` 和 `petName` 两个属性。

另一个技巧是**去规范化**：如果我们的模型是一个地址簿，其中一个 **Person** 实体可以有一个或者两个街道地址，一个显而易见的做法增加一个叫 **StreetAddress** 的实体，并通过关系来联系它们。另外的做法是将地址信息直接内联进 Person 实体里。具体哪种更有效取决于特定的场景，如果你的数据集比较大，对性能要求又很高，那么去规范化还是值得一试的。

另一个常见的去规范化的例子是：假设我们的模型里有雇员实体，雇员之间有一个关系来表示谁管理谁。如果我们用 table view 来展示雇员信息，对于每个 cell，我们显示雇员的姓名和向其汇报的其他雇员数量，我们可以使用最朴素的做法，通过查看对多关系来统计雇员数量。但是这种做法开销会很大，因为对于每个雇员对象都需要填充关系惰值。

另一个做法是将向雇员汇报的组员数目放入到雇员对象中，Employee 实体有一个叫 teamMembers 的关系和一个叫 numberOfTeamMembers 的属性。这是有效的数据冗余，用数据库的术语来说就是去规范化。虽然我们曾经被多次教导过，数据冗余是不好的，但是在这种情况下，去规范化是能显著提高获取性能的一个有力工具。

在你应用这个技巧的时候，确保你的模型类能自动更新这个冗余的属性是非常重要的，在你的应用程序的其他地方它们应该是只读的。

我们在 **Moody** 这个示例程序中也使用了该技术。在显示大陆和国家的 table view 中，我们也显示了特定国家或者大陆所包含的 mood 的数目。例如，表示国家的 table view cell 有一个详情标签 (detail label)，显示内容是 "42 moods."。类似地，在表示大陆的详情标签显示内容是 "42 moods in 7 countries."。

为了避免预加载不必要的 countries 与 moods 关系，我们使用了上面提到的方法：即引入数据冗余，我们给 **Country** 和 **Continent** 实体添加了一个 numberOfMoods 的属性，同时给 **Continent** 实体添加了一个 numberOfCountries 的属性。为了让这些数据始终保持最新，我们挂钩 (hook) 了托管对象的 willSave() 方法。比如在 Country 类中，我们检查了 moods 关系是否有变化，然后相应地更新 numberOfMoods 属性：

```
public final class Country: ManagedObject {
    // ...
    public override func willSave() {
        // ...
        if hasChangedMoods {
            updateMoodCount()
        }
    }

    private var hasChangedMoods: Bool {
        return changedValueForKey(Keys.Moods) != nil
    }
```

```
    private func updateMoodCount() {
        guard Int64(moods.count) != numberOfMoods else { return }
        numberOfMoods = Int64(moods.count)
        continent?.updateMoodCount()
    }
}
```

在 hasChangedMoods 方法中，我们调用了辅助方法 changedValueForKey(_:) 来检查 moods 关系是否有未保存的改动。这个辅助方法内部使用了 Core Data 的 changedValues() 方法。在 updateMoodCount() 方法中，我们首先检查 moods 的数量是否真的发生了改变，如果没有，那么我们会很快退出，这么做非常重要，目的是避免多次弄"脏"国家对象而导致保存的时候发生死循环。然后我们给 numberOfMoods 属性设置了新的 moods 值；最后，我们让国家对象所属的大陆对象同样也刷新 mood 的计数。

Continent 类的 updateMoodCount() 方法稍微有一些复杂，因为大陆对象与 moods 并没有直接的关系。我们不得不获取每个相关的国家对象里没有保存的 moods 数目，然后把它们加起来。同时，我们也需要考虑国家对象已经被删除的情况，所以我们除遍历现有相关的国家对象之外，还要考虑已经从 countries 移除的关系：

```
public final class Continent: ManagedObject {
    // ...
    func updateMoodCount() {
        let currentAndDeletedCountries = countries.union(committedCountries)
        let deltaInCountries: Int64 = currentAndDeletedCountries.reduce(0) {
            $0 + $1.changedMoodCountDelta
        }
        let pendingDelta = numberOfMoods - committedNumberOfMoods
        guard pendingDelta != deltaInCountries else { return }
        numberOfMoods = committedNumberOfMoods + deltaInCountries
    }

    private var committedCountries: Set<Country> {
        return committedValueForKey(Keys.Countries) as? Set<Country> ?? Set()
    }

    private var committedNumberOfMoods: Int64 {
        let n = committedValueForKey(Keys.NumberOfMoods) as? Int ?? 0
```

```
        return Int64(n)
    }
}
```

再次强调，在设置 numberOfMoods 属性之前，我们应该保证它的值确实发生了改变，这样可以避免不必要地弄"脏"大陆对象。

> 当使用 Core Data 的 changedValues() 和 committedValuesForKeys(_:) 方法时，你通常使用纯文本字符串来获取你需要的值。我们使用类型安全的辅助方法来包装这些方法——只接受 Keys 枚举里的值。另外一个附加的好处是我们使用这些 key 的时候可以享受 Xcode 的自动补全功能。具体做法可以参考 GitHub 上的代码[a]。
>
> [a]https://github.com/objcio/core-data/blob/master/SharedCode/KeyCodable.swift

让去规范化的属性始终保持最新有时会比较棘手，给它们添加自动化测试用例会是一个好主意。你可以在示例代码中[1] 找到关于 numberOfMoods 和 numberOfCountries 属性的单元测试。

6.6 字符串和文本

我们有一整章专门讲关于使用字符串与文本的性能问题。

6.7 独家秘诀的可调参数

底层的 SQLite 库提供了不少可以通过所谓的 pragma 来进行设置的可调参数。在调用 Core Data 的 addPersistentStoreWithType(_:configuration:URL:options:) 方法时，我们可以将这些参数组装成一个字典，并作为 NSSQLitePragmasOption 键的值设置进去。

一般来说，Core Data 和 SQLite 使用了一些非常合理的默认值，但是对于特定的使用场景，花一些时间去阅读 SQLite 关于 PRAGMA Statements 的文档[2]，还是值得的。

对于频繁依赖写入操作的应用程序，另一个值得研究的点是：试试看关掉自动记录检查点 (automatic checkpointing)，而换成在数据库处于闲暇时手动记录检查点这种做法后，性能开销是否有所改善。我们可以通过 wal_autocheckpoint 和 database.wal_checkpoint parama

[1]https://github.com/objcio/core-data/blob/master/Moody/MoodyModelTests/DenormalizationTests.swift
[2]https://www.sqlite.org/pragma.html

来设置。如果你的 App 也符合这个假设，你或许还应该看看将日志模式从 WAL (Write Ahead Logging) 切到自动提交 (Atomic Commit)[1]的方式是否会对性能有所影响。

> 译者注：SQLite 使用 WAL 机制来实现原子事务，WAL 机制的原理是：修改并不直接写入到数据库而是写入到一个称为 WAL 的文件中；如果事务失败，那么 WAL 中的记录会被忽略，撤销修改；如果事务成功，那么它将在随后的某个时间被写回到数据库文件中，提交修改。同步 WAL 文件和数据库文件的行为被称为检查点。

6.8 总结

本章中我们介绍了一个描述 Core Data 性能的心智模型：将 Core Data 栈分层了三层：上下文层、协调器层以及 SQLite 层。然后我们讨论了为什么获取请求一般都比较昂贵，以及如何在一些场景中避免它。接着我们探讨了当我们需要使用获取请求的时候如何保证它的性能。本章的大部分内容都在讨论如何尽可能地将操作停留在上下文这一层，以及当我们实际需要深入到 SQLite 层时如何尽可能地保证 SQLite 能高效运行。

---

[1] https://www.sqlite.org/draft/atomiccommit.html

并行和同步

第 7 章 与网络服务同步

许多应用程序会和后端同步它们的本地数据，在本章我们想要演示一种针对这类使用场景而设计的有效的通用设置。我们的同步架构的一个主要设计目标是确保清晰的关注点分离 (separation of concerns, SoC)，即每个小的部分只承担非常有限的责任。

Moody 示例应用程序使用了这种设置来满足它特定的同步需求。我们希望这些示例代码可以帮助你了解这个同步架构的使用方式。

在本章中，**本地 (local)** 和**远程 (remote)** 这些词语具有非常特殊的含义：**本地**是指在设备上产生的事件，而**远程**是指在服务器端产生的事件，在我们的例子中，指的是 CloudKit。一个本地更改，也就是指发生在设备上的一个更改，举一个例子来说，比如像是创建一个新的 mood 这样的由用户行为所产生的更改。相应地，术语**远程标识符 (remote identifier)** 指的是 CloudKit 用来标识特定的对象的标识符。在整个代码和本章中，使用**本地**和**远程**这些词语可以简化很多术语。

本章不会那么详细地介绍实际示例代码的细节，相反，我们主要会尝试向你展示整体大局：如何组织一个代码库，使得它能够与后端同步本地数据。GitHub 上的 Moody 应用程序[1]有一个相对简单实现的完整代码。你读完这一章后，可以参考这个示例项目里更多的细节。

7.1 组织和设置

我们将使用 CloudKit 作为示例应用程序的后端。这样做的主要的原因是这个例子的目的是展示如何使用 Core Data，而不是写一个后端程序。通过使用 CloudKit，我们可以在这个 App 的所有用户之间共享 Mood 实例，而不用编写我们自己的后端程序。此外，使用 CloudKit 还能让我们把注意力集中在 Core Data 上。但是，我们在这里介绍的架构和代码也适用于其他更复杂的情况。在本章的最后，我们会进一步讨论一些根据你的需求来扩展已有设置的方法。

---

[1] https://github.com/objcio/core-data

所有的 CloudKit 相关代码都被封装在 `CloudKitRemote` 结构体里，它实现了 `MoodyRemoteType` 协议。这个协议暴露了与远程进行通信需要的特定领域的所有方法。为了简单起见，让我们基本忽略 `MoodyRemoteType` 这层抽象，而只谈作为我们的后端的 CloudKit 的内容。

这个示例项目默认使用一个假的后端，它只会往控制台 (`ConsoleRemote`) 输出日志。这种做法可以使项目能很容易地运行起来，因为你不用担心 App 的 entitlements 和 provisioning profiles 设置。示例项目里的 README 文件[1]描述了启用 CloudKit 后端所需要的步骤。

至于示例应用程序里的 CloudKit 代码，我们并不打算使用最新的 CloudKit 技术来进行实现。事实上，我们跳过了很多 CloudKit 的细节，因为我们的重点显然是同步架构里关于 Core Data 的部分。所以当你浏览 GitHub 上完整代码[2]时请记住这一点。

项目结构

因为我们正在添加同步的代码，所以我们希望能把这些代码放在它自己的框架和模组里。我们还会把所有的模型代码放到一个单独的模型框架里。这个框架将持有我们自定义的所有 `NSManagedObject` 子类以及它们相应的与 UI 或同步无关的逻辑。

最后我们总共会有三个模组：应用程序本身、模型，以及同步代码。这种设置在较高层级上有利于关注点分离——在这种设置下，我们会不太容易去创建任何这三个模块之间的紧耦合，如图 7.1 所示。

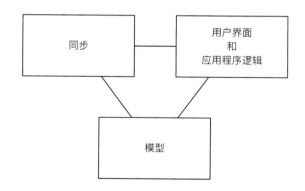

图 7.1　将示例应用程序分解成三个模组：应用程序逻辑、模型，以及同步代码

同步框架的接口将会非常小。同步代码的入口是同步协调器 (Sync Coordinator) 类的初始化方法，这个方法接收一个托管对象上下文的参数：

---
[1] https://github.com/objcio/core-data/blob/master/README.md
[2] https://github.com/objcio/core-data

```
public final class SyncCoordinator {
    public init(
        mainManagedObjectContext mainMOC: NSManagedObjectContext)
    {
        // ...
    }
}
```

在我们的简单的应用程序里，应用程序代理 (application delegate) 将负责创建这个同步协调器。

同步代码在它自己的私有后台队列和上下文里运行，我们后面会很快讨论这部分内容。UI 中的所有更新会采用我们前面介绍的响应式方法来实现：UI 只是观察它的上下文或对象的更改。我们只需要在 UI 代码里添加极少的额外代码，就可以添加像远程删除这样的功能。我们在下面还会提到这些更改。

7.2 同步架构

我们的同步架构是相当通用的。它可以同时用于简单和复杂的场景。它试图把同步问题分拆成较小且易用的组件。这个架构利用了 Core Data 的设计，并且提供了非常灵活的结构。

Core Data，连同 SQLite，提供了 ACID 属性：也就是原子性 (Atomicity)、一致性 (Consistency)、隔离性 (Isolation) 和持久性 (Durability)。这个同步架构试图为整个同步过程引入一些 ACID 的特性。同步代码是以一种就算在 App 崩溃或者被系统挂起的时候也能工作的方式来构建的。即便我们碰巧处于离线状态，我们的本地数据也将保持一致，一旦 App 重新启动或者网络恢复，我们就可以继续工作。

整个设置的简要描述如图 7.2 所示：**同步协调器 (Sync Coordinator)** 实现了一个**上下文属主 (Context Owner)** 协议 (在图表的底部)。**上下文属主**协议有两个主要职责：它合并 UI 和同步托管对象上下文之间的更改，并把由 UI 产生的本地更改提供给同步架构。

同步协调器将所有的部件组合起来。它持有的组件包括 Core Data 上下文，(实现了 MoodyRemoteType 的) 远端接口，以及更改处理器 (change processors)。同步协调器实现**上下文属主**协议，本地和远端的更新都会通过同步协调器转发给各个更改处理器。

更改处理器 (在图 7.2 的右侧) 则可以处理特定领域的问题。每个处理器只负责一种类型的更改，比如在远程创建新插入的 Mood 对象之类。在我们的例子里，因为 CloudKit 会为我们处理的数据的编解码，并生成网络请求，所以我们并没有一个用来包含网络相关代码的**传输会话** (Transport Session)。

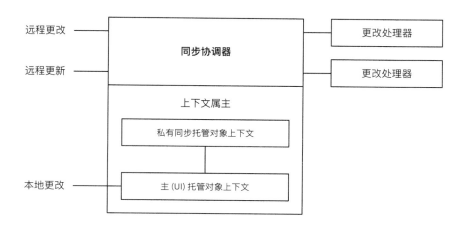

图 7.2　同步架构的组件

7.3　上下文属主

上下文属主的职责有两个。首先，当 UI 将更改保存到对象时，我们希望同步代码能自动处理这些更改。与此同时，我们还希望同步代码运行在和 UI 代码不同的队列里，这可以尽量减少对 UI 响应产生的影响。

线程、队列和上下文

为了显著降低复杂性，同步架构的目标是以单线程运行。与此同时，这个同步架构确保主队列要留给 UI 使用。这样一来，我们可以最大限度地减少对 UI 代码性能的影响。

上下文属主通过创建一个单独的、被整个同步代码使用的托管对象上下文来达到这个目的。通过调用 performBlock(_:) 方法, 所有的代码都在这个托管对象上下文的私有队列里运行，所以不会阻塞 UI。

创建单线程架构的同步代码是一个重要的设计决定：同步代码的性能主要被网络请求的速度所限制，其次是文件系统的 I/O 操作，不过 I/O 的影响相对要低得多。对两者而言，是否使用多线程并没有什么区别。单线程架构带给我们的是一个非常简单的代码库——它很容易被理解与测试。

第 8 章中更详细地讨论了使用多个上下文时需要注意的地方。对于我们的同步代码，我们使用推荐的设置：UI 的托管对象上下文和同步的托管对象上下文共享一个相同的持久化存储协调器，如图 7.3 所示。

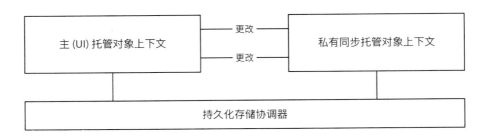

图 7.3　主上下文和后台同步上下文之间的交互

因为我们使用了两个上下文，所以我们需要合并它们之间的变化。Core Data 栈内的变化不会自动地从持久化存储协调器向上传递给托管对象上下文。通过合并这两个上下文之间的变化，两个上下文都会在合并更改时从持久化存储协调器那里更新自己。我们会第 8 章里更详细地解释所有这部分内容。

上下文属主协议通过一个协议扩展，用如下的代码实现了这种合并：

```
private func setupContextNotificationObserving() {
    addObserverToken(
        mainManagedObjectContext.addContextDidSaveNotificationObserver {
            [weak self] note in
            self?.mainContextDidSave(note)
        }
    )
    addObserverToken(
        syncManagedObjectContext.addContextDidSaveNotificationObserver {
            [weak self] note in
            self?.syncContextDidSave(note)
        }
    )
}

/// 将更改从主上下文合并到同步上下文
private func mainContextDidSave(note: ContextDidSaveNotification) {
```

```
    syncManagedObjectContext
        .performMergeChangesFromContextDidSaveNotification(note)
}

/// 将更改从同步上下文合并到主上下文
private func syncContextDidSave(note: ContextDidSaveNotification) {
    mainManagedObjectContext
        .performMergeChangesFromContextDidSaveNotification(note)
}
```

我们还在托管对象上下文上实现了如下的扩展方法：

```
extension NSManagedObjectContext {
    public func performMergeChangesFromContextDidSaveNotification(
        note: ContextDidSaveNotification)
    {
        performBlock {
            self.mergeChangesFromContextDidSaveNotification(
                note.notification)
        }
    }
}
```

通过这些扩展方法，在 UI 保存更改的时候，相应的更改就会被传递给同步代码所使用的托管对象上下文。在同步代码保存它的托管对象上下文的时候，这些更改也会被传递给 UI 使用的托管对象上下文。

由于 UI 代码会监听 NSManagedObjectContextObjectsDidChange 通知来更新它的 UI 组件，所以同步代码所做的任何更改都会自动地反映在 UI 上。

7.4　响应本地更改

本地更改有两个来源：UI 和同步代码都可以插入或更新数据。在这两种情况下，更改处理器都会负责处理这些更改，同步代码的一个重要的设计目标是，我们既不区分更改的来源，也不区分插入和更新事件。

最初看上去可能会有点违反直觉，但是这种设计能让我们简化整体逻辑，允许我们建立一个就算在 App 被操作系统挂起或者甚至崩溃的时候，数据仍然能保持一致的同步体系。

让我们来看看，当用户在本地创建一个新的 Mood 对象并且我们需要将其发送给后端时会发生什么：UI 插入一个新的 Mood 对象并保存它的上下文，有一个叫 MoodUploader 的更改处理器负责发送一个请求来把相应的对象插入到 CloudKit 里。如果我们是根据这个对象被插入的事实来触发上传操作，并且 App 在插入操作完成之前就退出了（可能是因为我们的网络很慢），那么在 App 重启的时候我们会没办法搞清楚这个对象是否是"最近插入的"。

相反，我们的做法是这样的：每个更改处理器都有一个谓词和一个实体。只要一个对象被插入或者更新，同步协调器就会将这个对象转发给更改处理器，更改处理器随后会检查给定的对象是否和它的实体和谓词的组合相匹配。如果匹配，那么更改处理器就会处理这个对象。在 App 重启的时候，我们执行一个基于相同的实体和谓词的获取请求，来检查是否有上次 App 运行时没有处理完的对象。

基于插入和更新的不同来进行构建逻辑是很诱惑人的，但这里抵挡住这样的诱惑非常重要。我们必须以一种能够被识别的方式来设计我们的逻辑：那就是如果对象被认为是新插入的并且需要上传到我们的后端，那么它需要匹配一个特定的谓词。

就 MoodUploader 而言，它只会匹配 Mood 实体，我们用一个谓词来检测对象是否需要被上传：

```
let notUploaded = NSPredicate(format: "%K == NULL", RemoteIdentifierKey)
```

任何还没有远程描述符的 Mood 对象都需要被发送给 CloudKit。一旦 CloudKit 确认 iCloud 完成了插入操作，我们就会把这个远程描述符设置给 Mood 对象，这会导致这个 Mood 对象不再匹配这个谓词。

我们在 MoodRemover 这个更改处理器里采用相同的方法。它根据是否设置了 pendingRemote-Deletion 来进行匹配，然后会发送请求给 CloudKit。请求成功后，对象会在本地数据库里被删除。

上下文属主会订阅 NSManagedObjectContextDidSave 通知，并使用这些通知找出是否有对象被插入或者更新。它把插入和更新的对象转交给同步协调器，同步协调器反过来再把这些对象分发给更改处理器。根据处理删除本地对象的做法，我们可以忽略被删除的对象。我们下面讨论删除本地对象时会详细描述这一点。

当我们收到"已经保存"通知的时候，我们调用 notifyAboutChangedObjectsFromSaveNotification(_:) 方法，它会去调用 processChangedLocalObjects(_:) 方法。这个方法会把对象分发给所有的更改处理器，如图 7.4 所示。

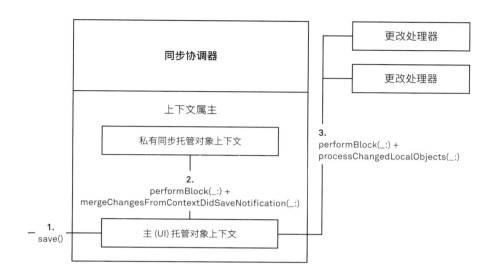

图7.4　同步架构处理本地更改来响应主上下文到同步上下文的合并

实现这个功能的代码看起来像下面这样：

```
private func notifyAboutChangedObjectsFromSaveNotification(
    note: ContextDidSaveNotification)
{
    syncManagedObjectContext.performBlockWithGroup(syncGroup) {
        // 我们在这里解包通知，这将确保它们此时被持有
        let updates = note.updatedObjects
            .remapToContext(self.syncManagedObjectContext)
        let inserts = note.insertedObjects
            .remapToContext(self.syncManagedObjectContext)
        self.processChangedLocalObjects(updates + inserts)
    }
}

extension SyncCoordinator: ContextOwnerType {
    func processChangedLocalObjects(objects: [NSManagedObject]) {
        for cp in changeProcessors {
```

```
                cp.processChangedLocalObjects(objects, context: self)
            }
        }
    }
```

我们会在第 8 章中更详细地讨论这部分内容，我们不能在不同于上下文队列的队列里使用这个上下文的对象。因为我们可能会把这个通知和它的对象从一个队列里移到另一个队列，所以我们需要确保重新将这些对象映射 (remap) 到同步托管对象的上下文里。只要我们处于不同上下文的队列中时，我们就必须这么做。

如果保存发生在同步的托管对象上下文里，那么这不会改变任何事情。如果这个通知是源自 UI 的，那么通知中的对象属于 UI 的托管对象上下文。remapToContext(_:) 方法会取出每个对象的对象 ID，并在同步的托管对象上下文里使用 objectWithID(_:) 方法来创建对应的对象：

```
extension SequenceType where Generator.Element: NSManagedObject {
    func remapToContext(context: NSManagedObjectContext)
        -> [Generator.Element]
    {
        return map { unmappedMO in
            guard unmappedMO.managedObjectContext !== context
                else { return unmappedMO }
            guard let object = context.objectWithID(unmappedMO.objectID)
                as? Generator.Element
                else { fatalError("Invalid object type") }
            return object
        }
    }
}
```

这里有一点要注意，一旦我们切换到了同步托管对象上下文，我们就需要做这样的映射。我们持有对原有通知的强引用，而这个通知又会持有原始的那些对象。只有当我们在同步托管对象上下文里的时候，我们才需要取出原始对象的对象 ID 并创建新的对象。因为此时我们持有了对原有对象的强引用，所以这些对象会保持它们的对行缓存 (row cache) 条目的强引用。在同步的托管对象上下文里新创建的对象之后也会保持对同样的行缓存条目的引用，所以触发惰值的操作开销是相对廉价的。

7.5 响应远程更改

由于我们使用的是 CloudKit，所以云端实际处理更改的代码是为这个设置所量身定制的，但是整体概念同样也适用于其他的设置。当同步协调器收到远程更改的通知时，它会切换到同步托管对象上下文的队列上，并把这些改动转发给所有的更改处理器，如图 7.5 所示。

图 7.5　CloudKit 通知触发同步协调器，之后同步协调器请求它的更改处理器去获取最新的数据

CloudKit 会传入一个 completion handler，当所有的变化都被处理后我们的代码必须要运行它。同步协调器给每个更改处理器传入一个 completion block，这些更改处理器一旦完成它们的工作后就会运行这个 block。当所有的更改处理器都运行完它们的 block 后，CloudKit 的 completion handler 将会被调用。这样 CloudKit 就知道给定的更新被处理了。

这里正确实现的关键是，同步协调器和它的更改处理器必须在它的托管对象上下文的队列里完成所有的工作。因为 CloudKit 的回调和通知可能会在其他队列发生。我们一定要勤快地切换到正确的队列。

7.6 更改处理器

更改处理器是同步架构里唯一与特定领域相关的部分。**Moody** 示例程序只有三个更改处理器：`MoodDownloader`、`MoodUploader` 以及 `MoodRemover`。每个处理器都有一个非常具体的任务：从云端下载新的 mood、把新的 mood 上传到云端，以及从云端删除相应的 mood。这样的好处是它们的逻辑都较为简单。

此外，由于同步协调器和它的其他组件会处理线程和跟踪远程，以及本地更改所带来的复杂性，所以每个更改处理器的任务被进一步简化了。

更改处理器主要有两个方法：一个用来处理 Core Data 数据库里的本地更改，另一个用来处理在云端里的远程更改。同步协调器不知道任何关于某个更改和给定的更改处理器是否相关的信息。这些信息位于更改处理器的内部。

用于处理本地和远程更改的两个方法分别如下所示：

```
func processChangedLocalObjects(objects: [NSManagedObject],
    context: ChangeProcessorContextType)
func processChangedRemoteObjects<T: RemoteRecordType>(
    changes: [RemoteRecordChange<T>],
    context: ChangeProcessorContextType, completion: () -> ())
```

同步协调器把自身的引用作为一个**更改处理器上下文** (change processor context) 传递给更改处理器，这样更改处理器就能访问到同步协调器的托管对象上下文和网络接口。

在 app 启动时，同步协调器需要确保更改处理器可以获取到所有仍然在等待发送到云端的本地对象，以及需要从云端取回的远程对象。为了实现这一点，更改处理器暴露出这两个方法：

```
func entityAndPredicateForLocallyTrackedObjectsInContext(
    context: ChangeProcessorContextType) -> EntityAndPredicate?
func fetchLatestRemoteRecordsForContext(
    context: ChangeProcessorContextType)
```

同步协调器使用第一个方法来在数据库中对与更改跟踪器 (change tracker) 相关的对象执行获取请求，然后它把这些对象传递给 `processChangedLocalObjects(_:context:)` 方法。更改跟踪器用 `fetchLatestRemoteRecordsForContext(_:)` 方法来获取新的远程对象。

因为更改跟踪器通常操作单一的实体和类，所以使用 `ElementChangeProcessorType` 这个子协议 (subprotocol) 可以更容易地实现一个更改处理器。它跟踪那些已经正在处理的对象，所以这些对象不会创建重复的 CloudKit 请求，它会将对象按照更改处理器操作所指定类进行类型安全的转换，它通过 `predicateForLocallyTrackedElements` 属性来实现 `entityAndPredicateForLocallyTrackedObjectsInContext(_:)` 方法。

`InProgressTracker` 这个辅助类实现了对正在处理的对象的跟踪。实际上，这个类持有一组正在处理的对象，更改处理器在给定对象的处理请求启动和完成的时候会通知它。

上传 Moods

作为一个具体的例子，让我们来看看 `MoodUploader` 更改处理器。它负责把新加入到用户设备的 mood 上传到 iCloud。

它通过如下的代码实现了 `ElementChangeProcessorType` 协议：

```
final class MoodUploader: ElementChangeProcessorType {
    var elementsInProgress = InProgressTracker<Mood>()

    func setupForContext(context: ChangeProcessorContextType) {
        // no-op
    }

    func processChangedLocalElements(objects: [Mood],
        context: ChangeProcessorContextType)
    {
        processInsertedMoods(objects, context: context)
    }

    func processChangedRemoteObjects<T: RemoteRecordType>(
        changes: [RemoteRecordChange<T>],
        context: ChangeProcessorContextType, completion: () -> ())
    {
        // no-op
        completion()
    }

    func fetchLatestRemoteRecordsForContext(
        context: ChangeProcessorContextType)
    {
        // no-op
    }

    var predicateForLocallyTrackedElements: NSPredicate {
        return Mood.waitingForUploadPredicate
    }
}
```

大多数 ElementChangeProcessorType 协议的方法都是空的。因为这个更改处理器只关心上传而不用处理任何远程数据。请注意，predicateForLocallyTrackedElements 属性指定了这个更改处理器需要关注的本地对象：也就是那些还没有远程标识符的对象。

所有需要 MoodUploader 插入到远端的对象随后会传给 processInsertedMoods(_:context:) 方法，这个方法会把这些 moods 发送给 CloudKit：

```
extension MoodUploader {
    private func processInsertedMoods(insertions: [Mood],
        context: ChangeProcessorContextType)
    {
        context.remote.uploadMoods(insertions,
            completion: context.performGroupedBlock { remoteMoods, error in

            guard !(error?.isPermanent ?? false) else {
                // 因为 error 是不可恢复的，删除这些对象
                insertions.forEach { $0.markForLocalDeletion() }
                self.elementsInProgress.markObjectsAsComplete(insertions)
                return
            }

            for mood in insertions {
                guard let remoteMood = remoteMoods.findFirstOccurence({
                    mood.date == $0.date
                }) else { continue }
                mood.remoteIdentifier = remoteMood.id
                mood.creatorID = remoteMood.creatorID
            }
            context.delayedSaveOrRollback()
            self.elementsInProgress.markObjectsAsComplete(insertions)
        })
    }
}
```

更改处理器上下文有一个 remote 对象。这个对象封装了 CloudKit 相关的代码。这个 CloudKit remote 对象的 uploadMoods(_:completion:) 方法会创建一个 **modify records** 操作，并将它传给 CloudKit 去执行。

上传完成后，这个方法会检查是否失败。如果往 iCloud 里插入一个 Mood 对象永远失败了，我们直接在本地删除这个失败的 Mood 对象。如果上传成功，我们把 CloudKit 返回给我们的远程标识符添加到这个 Mood 对象里。

7.7 删除本地对象

在 Moody 示例应用程序里，我们允许用户删除他们所创建的 Mood 实例。但是当用户在 UI 上删除 Mood 时，我们不能直接调用托管对象上下文的 deleteObject(_:) 方法。因为如果我们这样做了，那么这个对象就会消失，这样一来的话，就没有更改跟踪器能够告诉 CloudKit 去 iCloud 删除对应的对象了。

相反，我们会给 Mood 实体添加一个 pendingRemoteDeletion 的布尔值属性。UI 会直接设置这个标志，Mood 类的 defaultPredicate 会过滤掉设置了这个属性的对象。

MoodRemover 这个更改处理器将会匹配到这些对象，并发送一个请求到 CloudKit 来删除它们，在远端删除成功后，才会删除本地数据库中对应的对象。

7.8 分组和保存更改

更改处理器会在托管对象上下文里插入和更新对象，这主要是作为 CloudKit 响应的结果。例如，MoodUploader 会发送一个新的 Mood 对象给 CloudKit。在 CloudKit 回应的时候，MoodUploader 这个更改处理器会设置刚才发送的 Mood 对象的 remoteIdentifier 属性。

这些更改需要被保存到 Core Data 的数据库里。与此同时，我们想要限制保存的次数。特别是在较大的设置里，聚合多个改动然后调用一次 save() 方法是有好处的。

在 Moody 示例应用程序里，我们使用了一个相当简单的解决方案：同步代码在它的托管对象上下文里执行的任何工作会被添加到一个 dispatch group[1] 里。一段代码处理更改的时候，会调用 delayedSaveOrRollback() 方法而不是 saveOrRollback() 方法。

延迟保存在它保存之前会等待 group 变空。一旦 group 为空，它就使用 dispatch_group_notify(_:_:_:) 方法来执行保存操作。这样一来，只要同步代码在工作，保存操作就会被延后。只有当托管对象上下文没有任何工作需要做时才会保存。

我们使用如下的扩展方法来实现这个需求：

```
extension NSManagedObjectContext {
    private var changedObjectsCount: Int {
        return insertedObjects.count + updatedObjects.count +
            deletedObjects.count
```

---

[1] https://developer.apple.com/library/ios/documentation/Performance/Reference/GCD_libdispatch_Ref/index.html

```
    }

    func delayedSaveOrRollbackWithGroup(group: dispatch_group_t,
        completion: (Bool) -> () = { _ in })
    {
        let changeCountLimit = 100
        guard changeCountLimit >= changedObjectsCount else {
            return completion(saveOrRollback())
        }
        let queue = dispatch_get_global_queue(QOS_CLASS_DEFAULT, 0)
        dispatch_group_notify(group, queue) {
            self.performBlockWithGroup(group) {
                guard self.hasChanges else { return completion(true) }
                completion(self.saveOrRollback())
            }
        }
    }
}
```

为了能在托管对象上下文上结合 group 运行 block，我们扩展 NSManagedObjectContext，添加一个 performBlockWithGroup(_:block:) 方法：

```
extension NSManagedObjectContext {
    func performBlockWithGroup(group: dispatch_group_t, block: () -> ()) {
        dispatch_group_enter(group)
        performBlock {
            block()
            dispatch_group_leave(group)
        }
    }
}
```

同步协调器拥有这个 **sync group**，并添加这两个简便方法，这些方法作为上下文类型 ChangeProcessorContextType 的一部分暴露给了更改处理器：

```
protocol ChangeProcessorContextType: class {
    func performGroupedBlock(block: () -> ())
    func delayedSaveOrRollback()
}
```

7.9 扩展同步架构

Moody 示例应用程序里的代码相对简单。一个需求更复杂的 App 可能需要在此基础上进行一些扩展。

跟踪每个属性的更改

我们的示例应用程序的 Mood 对象是不可变的。一旦它们被插入到 Core Data 后，它们永远都不会再改变。但是其他的应用程序可能需要在单个属性这个粒度上对产生的更改进行同步。

我们还是需要追踪那些等待同步到后端的本地更改，解决方法是给每个对象按照单个属性添加一个位掩码 (bitmask)。这个位掩码对 UI 代码是不可见的，但是在对象的 willSave() 方法里，对象可以检查它的 changedValues() 方法返回的键值，并设置相应的位。通过 markAttributeAsLocallyChangedForKey(_:) 方法可以很容易地给定的键更新位掩码。

我们只希望在 UI 的上下文里这样做。我们可以在上下文的 userInfo 字典里设置一个的特殊属性来标记一个上下文为 UI 上下文。这样在 willSave() 方法里，我们就可以检查对象的托管对象上下文是不是 UI 上下文了。

在同步代码里，我们需要一个相应的 unmarkAttributeAsLocallyChangedForKey(_:) 方法，这个方法会在更改处理器将给定的属性变化推送到后端完成后被调用。

链接更改处理器

把更改处理器链接 (chainning) 起来会很有用，我们可以在不改动架构的情况下做到这一点。如果更改处理器 A 需要在更改处理器 B 尝试处理之前处理这些对象，那么我们就必须确保直到 A 完成之前 B 都不会匹配到它们。

让我们假设一个例子，我们有一个可以设置照片名字的更改处理器，还有另外一个可以设置照片评分的更改处理器。同时，我们的后端只允许照片有名字后才能设置评分。为了实现这个功能，我们只需要确保负责评分的更改处理器只去匹配那些有名字并且没有除了评分之外的本地更改的对象。这样一来，如果我们有一个对象同时设置了新的名字和新的评分，那么负责命名的更改处理器会匹配这个对象，而负责评分的更改处理器则不会。只有当这个名字已经被发送给后端，且不再有本地更改的这个时候，负责评分的更改处理器才会继续处理这个对象。

一旦命名处理器工作完成，它就会把名字标记成没有本地更改。标记并保存这个对象会触发该对象的更新，它们将被再次发送给所有的更改处理器，这个时候负责评分的更改处理器会继续处理这个对象，因为它现在可以匹配评分处理器的谓词了。

我们上面讨论到的延迟保存会在更改处理器完成工作到下一个处理器继续工作之间引入一些延迟。相比于其他时间，比如网络延迟，这个延迟通常是可以忽略不计的，因为同步协调器会很频繁地处于空闲状态。

自定义网络代码

对于一个与自定义后端——比如直接使用 NSURLSession 而不是基于 CloudKit 的后端交互的应用程序，我们还需要进行一些修改。

对于这样的设置，一般会有一个网络会话类来对编解码 (和 JSON 互相转换) 进行抽象以及发送 HTTP 请求。在 NSURLSession 和同步协调器之间加入这一层可以使对各个组件的测试更容易，并且关注点也得到了分离。

如果这个 App 可能会有很多同时进行的请求，那么稍微改变从更改的对象到网络请求的流程可能是值得的。在 **Moody** 示例应用程序里，一个被更改的对象会直接创建一个 CloudKit 请求，这个请求会被立刻发送给 CloudKit。然后是由 CloudKit 在它认为合适的时候入队这个请求。如果这些请求的负载 (payload) 都很大，并且数量会很多，那么可能会导致很大的内存压力。

如何处理这个问题取决于后端的能力。如果后端支持 HTTP/2，那么正确的做法是尽快地将所有请求发送给 NSURLSession 并合理地设置它们的优先级。优先级可以确保这些请求同时在本地和远程服务器上按期望的顺序处理。在大多数情况下，我们可以使用更改处理器在同步协调器的数组里的位置来作为请求的优先级。如果有四个更改处理器，同步协调器可以将这些相应的更改处理器的请求优先级设置为 1.0、0.75、0.5 和 0.25。NSURLSession 和 HTTP/2 适配的后端在本地和远程会正确地利用可用的资源，确保来自第一个更改处理器的请求会以比其他更改处理器更高的优先级来发送和接收。

在这种设置下，如果负载可能会很大，那么网络会话应该使用基于文件的 API 来确保请求的 body 数据的收发不在内存里进行。这个方法还能让你使用后台会话 (background session) 的方式进行同步。

另一种做法对于 HTTP/1.1 的后端会更适用，就是扩展同步架构来添加一个本地并发请求数的限制。但是，我们还是想给请求设置优先级，这样每个更改处理器会有一个与之相关联的隐式优先级。为了做到这一点，我们可以给每个更改处理器添加一个**挂起对象** (pending objects) 的队列。当同步协调器把本地更改推入更改处理器时，这些更改处理器直接将匹配到的对象添加到它们的队列里。和之前一样，这些队列中的对象是所有更改处理器感兴趣的数据库里的对象在内存中的表现形式，也就是那些能匹配更改处理器的实体和谓词的对象。

同步协调器会使用一个**操作循环**，它将依次查询所有更改处理器并检查是否有请求需要发送给**网络会话**，一旦并发的操作数量达到了上限，这个循环就会等待操作完成，然后继续查询所有的更改处理器。因为操作循环是按指定的顺序去查询更改处理器的，所以高优先级的更改处理器的网络请求会有机会先被加入到队列里。

第 8 章　使用多个上下文

在本章中，我们要来学习一些相对复杂的 Core Data 栈设置方式；尤其是探索如何在多线程的环境下正确使用 Core Data。与此同时，因为 Core Data 栈允许多种不同的设置方式，所以我们也要来讨论其中一些设置方式的优缺点。

在第 1 章中，我们使用了最简单的 Core Data 栈——一个持久化存储(NSPersistentStore)，一个持久化存储协调器 (NSPersistentStoreCoordinator) 以及一个托管对象上下文 (NSManagedObjectContext)——构建了一个示例应用。这种设置方式对于大多数存储需求不是很高的应用来说已足够。如果你能够习惯这种用法，那就用它吧，因为这样你就不用花大量的时间去处理并发环境所带来的那些复杂问题了。

在第 7 章中，我们使用两个上下文拓展了这个简单的栈，其中一个位于主线程，另一个则位于后台线程。这两个上下文都连接到了同一个持久化存储协调器。这种方式在并发环境下是最简单又最稳定的。除非有特殊的需求，否则这应该就是使用多个上下文的最好方式。

在本章里，我们会进一步讲解并发环境下 Core Data 的设置方式。并在第 9 章讨论在 Core Data 里使用多个上下文的一些陷阱。不过首先让我们回顾一下 Core Data 并发模型的基础知识。

8.1　Core Data 和并发

如果你不是很熟悉并发和调度队列 (dispatch queue)，那么建议你在开始阅读本章前能够花一些时间了解一下它们的基本概念。这里有两个很好的资源，一个是 Apple 的并发编程指南[1]，另一个是 objc.io 在 2013 年 7 月发布的一篇关于并发编程的博客[2]。

Core Data 有一个简单直接的并发模型：上下文以及它的托管对象**必须**而且只能够在它所处的队列中被访问。而其他处于上下文下面的那些组件——比如，持久化存储协调器、持久

---

[1] https://developer.apple.com/library/ios/documentation/General/Conceptual/ConcurrencyProgrammingGuide/Introduction/Introduction.html
[2] http://www.objc.io/issues/2-concurrency/

化存储以及 SQLite——是线程安全的并且可以在多个上下文之间共享。

当你创建一个托管对象上下文实例的时候，会在构造方法 init(concurrencyType:) 里指定并发类型。我们在本书第一部分里使用的是第一种：.MainQueueConcurrencyType，这种类型会将上下文绑定到主线程上。第二个选项：.PrivateQueueConcurrencyType，会将上下文绑定到一个由 Core Data 自行管理的后台线程上。

如果你问本章最重要的一个知识点是什么，那就是在访问上下文和它的托管对象之前，**一定要调用** performBlock(_:) 把任务调度到上下文所处的队列上执行。这是避免并发所带来的问题的最有效方法。

当开始使用多个上下文后，你肯定会遇到需要合并不同上下文中的数据更改的时候。你可以通过以下步骤将这些更改合并：首先注册观察某个"上下文已保存"通知 (NSManagedObjectContextDidSaveNotification)(详情可参考第 5 章)，然后调度到另一个上下文所处的队列，最后调用 mergeChangesFromContextDidSaveNotification(_:) 方法，它会将通知所携带的 userInfo 字典里的更改进行合并：

```
let nc = NSNotificationCenter.defaultCenter()
token = nc.addObserverForName(
    NSManagedObjectContextDidSaveNotification, object: sourceContext,
    queue: nil) { note in
    targetContext.performBlock {
        targetContext.mergeChangesFromContextDidSaveNotification(note)
    }
}
```

将一个"上下文已保存"通知合并到另一个上下文后，会在这个上下文中刷新被更改的对象，移除被删掉的对象，并将刚被插入的对象进行惰值化 (fault) 处理。然后这个上下文会发送一个对象已变更的通知，其中包含了位于这个上下文中的对象的所有更改，如图 8.1 所示。

这就是本章第二个重要的知识点，它同样能让你避免并发所带来的问题：不同上下文中的操作必须**完全分离**，上下文之间的数据交换**只能**通过"上下文已保存"通知进行，切记不要在不同上下文之间随意调度。

这个知识点看起来有些过于绝对，毕竟在某些用例中，我们可能需要在不同的上下文之间传递对象，比如在后台线程执行复杂的搜索。这确实是一个很好的用例，不过其他的那些用例应该都是些罕见的例外。我们的示例应用的数据同步部分正是如第二个知识点所描述的那样工作：所有的数据同步代码只在它所处的上下文中执行，这个上下文和 UI 线程所使用的上下文完全分离，不同上下文之间的合并也只通过"上下文已保存"通知进行。

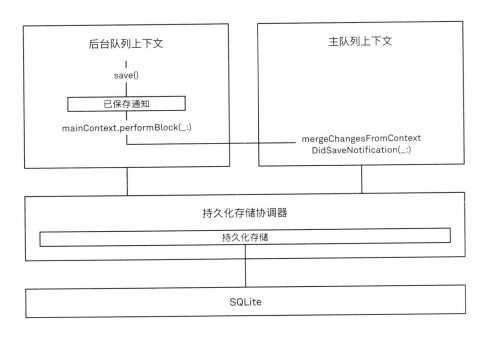

图 8.1 通过合并上下文已保存通知来协调不同上下文之间的更改

在不同的上下文之间传递对象

除合并"上下文已保存"通知这个方式外，如果你需要使用另一种方法来在不同的上下文之间传递对象，就必须使用一种间接的方式：首先调用 perfomrBlock(_:) 方法将对象的 ID 传递到另一个上下文的队列上，然后调用 objectWithID(_:) 方法重新实例化这个对象，如图 8.2 所示。比如像这样：

```
func finishedBackgroundOperation(objects: [NSManagedObject]) {
    let ids = objects.map { $0.objectID }
    mainContext.performBlock {
        let results = ids.map(mainContext.objectWithID)
        //... results 现在可以在主队列中使用了
    }
}
```

你只能将对象的 ID 传递到另一个上下文中并且重新实例化该对象，这个做法从技术上来讲完全正确。不过我们还有另一个方法，它能够保证对象的行缓存条目一直有效。这个特性非常有用,因为比起直接从 SQLite 中获取那些对象的惰值,从行缓存中获取它们可以使目标上下文更快地进行数据填充。

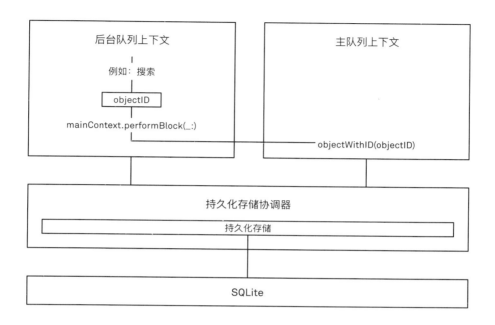

图 8.2 通过将对象 ID 从一个上下文传递到另一个上下文来处理托管对象

具体做法是,将对象直接传递到目标上下文中,然后在该上下文所处的队列中获取对象的 ID。但是有一点必须严格遵守,除了获取对象的 ID,**绝对不要**对它做其他任何操作,具体代码如下:

```
func finishedBackgroundOperation(objects: [NSManagedObject]) {
    mainContext.performBlock {
        let results = objects.map { mainContext.objectWithID($0.objectID) }
        // ... results 现在可以在主队列中使用了
    }
}
```

如果对象 ID 所处的上下文连接到的是另一个持久化存储协调器,那么在当前上下文中,你必须通过该对象的 URIRepresentation 来重建对象的 ID。可以使用持久化存储协调器的 managedObjectIDForURIRepresentation(_:) 方法来实现这个操作:

```
func finishedBackgroundOperation(objects: [NSManagedObject]) {
    let ids = objects.map { $0.objectID }
    separatePSCContext.performBlock {
        let results = ids.map {
            (sourceID: NSManagedObjectID) -> NSManagedObject in
            let uri = sourceID.URIRepresentation()
            let psc = separatePSCContext.persistentStoreCoordinator!
            let targetID = psc.managedObjectIDForURIRepresentation(uri)!
            return separatePSCContext.objectWithID(targetID)
        }
        // ... results 现在可以在主队列中使用了
    }
}
```

(为了简短起见，在上面的代码片段中我们使用了强制解包来获取可选值。当你在实际使用时，务必使用 guard 关键字来获取这些值。)注意在这种情况下，我们并不需要像之前的方法那样在 performBlock 中保留对象的引用来保证行缓存条目有效，因为两个上下文并没有共享同个协调器，所以它们无法共享行缓存。

上面所介绍的就是在 Core Data 中使用多个上下文的一些基本方法。这些方法实际使用起来其实并不复杂，只要你能够严格遵守以下规则：不同上下文中的操作必须完全分离，进行任何操作前必须调度到上下文所处的队列中，在不同的上下文之间只能传递对象的 ID。

除这些基本规则外，在并发环境下使用多个上下文不可避免地会带来一些复杂的问题——比如冲突以及竞争条件[1]。在第 9 章里，我们会详解如何处理这些问题。

我们在前面简单介绍了如何在不同上下文之间合并更改。在开始介绍 Core Data 不同栈设置方式的优缺点之前，我们要来深入讲解一下这个知识点。

合并更改

将更改从一个上下文合并到另一个(或多个)上下文中的方法非常直截了当：首先添加一个观察者来监听 Core Data 所发送的上下文"已保存通知"。在观察者接到该通知后，再调用 performBlock(_:) 方法调度到目标上下文队列中。最后在该队列中，将通知作为参数传递给 mergeChangesFromContextDidSaveNotification(_:) 这个方法，如图 8.3 所示。

---

[1] http://www.objc.io/issues/2-concurrency/concurrency-apis-and-pitfalls/#sharing-of-resources

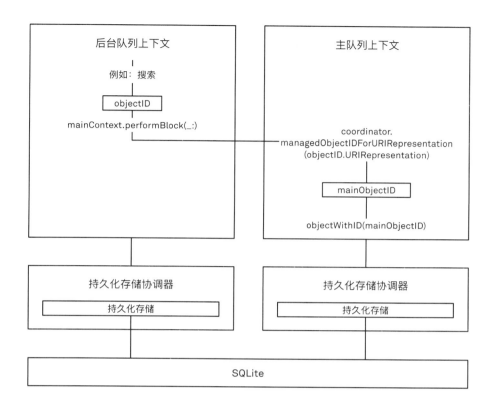

图 8.3 在两个连接到不同的持久化存储协调器的上下文中处理托管对象

在合并过程中，Core Data 会从通知所携带的托管对象中提取出对象的 ID。Core Data 并不能使用这些对象本身，因为它们只能在所处的上下文的队列中才能被访问。当目标上下文获取了这些对象的 ID 后，它会按照下面的方式处理对象的更改：

- 新插入的对象在目标上下文中会以惰值的形式存在。

  注意，如果没有强引用指向被插入的对象，那么这些惰值在合并后就会被释放。在你监听"对象更改"通知的时候，你会有机会强引用到这些对象。

- 至于更新了数据的对象，只有那些在目标上下文中注册过的才会被刷新，其他的都会被忽略掉。

  如果在目标上下文中，这些对象的数据也被更改了，那么这些更改会逐一合并到对象相应的属性上，如果出现冲突，那么会以目标上下文中的更改为最终结果。

- 删除的对象也一样，只有那些在目标上下文中注册过的才会被删除，其他的都会被忽略。

如果删除的对象在目标上下文中被更改了，这些更改会被无视，因为对象会被直接删掉。所以如果你正在使用这些对象，那么此时你必须做出适当的应对，就如同我们在第 1 章中关于托管对象更改通知观察者所做的那样。

在第 5 章里我们提到过，当合并完成后，processPendingChanges() 方法会被调用，同时发送一个"对象已更改"通知。(针对一个合并操作，Core Data 可能会发送多个对象已更改通知，所以你不能假设一个合并操作只会发送一个通知。) 通过观察这个通知，你就有机会对这些合并的更改做出应对。要记住的是，位于"上下文已保存"通知中的更改 (比如更新那些并没有在目标上下文中注册的对象)，如果没有影响到目标上下文，那么这些改动就不会出现在"对象已更改"通知中。

当把一个"上下文已保存"通知从一个上下文传递到另一个的时候，只要使用我们之前所讲的关于在上下文之间传递对象的方法，就能够保证对象的行缓存条目一直有效：通知会强引用源上下文以及所有需要保存的对象。由于我们在 performBlock(_:) 闭包内部使用了通知对象，这个通知本身也会被强引用。因此，当合并时，所涉及的对象会一直有效，这也保证了它们的行缓存条目也同时有效，就如我们在第 4 章所提到的那样。这是一个非常重要的细节，因为之后当那些被合并操作所插入的惰值需要被访问时，Core Data 就不用反复从 SQLite 中获取这些值，从而节省不少时间。

8.2　Core Data 栈

Core Data 允许多种不同的设置方式，例如：可以多个上下文连接到一个协调器，可以多个上下文一个接一个地互相连接，也可以使用多个协调器，还可以使用多个持久化存储等。理论上讲可以有无限多种不同的设置方式，每一种方式都有自己的优缺点。在这一部分，我们将会详细阐述几个最常用的设置方式并且讨论如何根据不同的使用情况来做出合适的选择。

两个上下文，一个协调器

这是一个经典并且久经考验的设置方式，它可以让你在后台线程中执行 Core Data 操作：首先创建一个位于主线程的上下文，所有 UI 相关的操作都将在这个上下文上进行。然后创建一个位于后台线程的上下文，你将用它来进行一些后台操作，比如从某个网络服务导入数据。这两个上下文将共享同一个持久化存储协调器，如图 8.4 所示。

在第 7 章中，为了在示例应用中整合网络服务，我们使用的就是这种设置方式。对于大多数 Core Data 并发任务，这就是我们的首选设置方式。

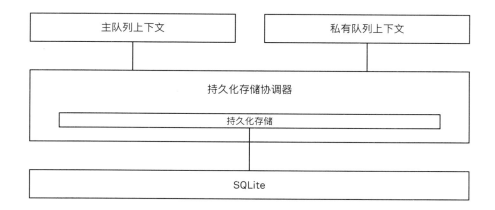

图 8.4 后台处理任务的经典设置方式：两个上下文连接同一个持久化存储协调器

优点：

- 简单。每一个上下文都相互独立地工作。数据更改会通过"上下文已保存"通知进行合并。

- 你可以在后台上下文中进行诸如获取和保存等操作，同时保持主线程不被阻塞。（不过这其中有一个疑难问题，我们将会在后面讲解。）

- 两个上下文共享行缓存。这样能够避免一些对 SQLite 不必要的访问。例如，当在一个上下文中创建并保存了一个对象后，在另一个上下文中就没有必要从 SQLite 中重新获取这个对象。这个对象的数据可以直接从行缓存中获取。

- 对于如何通过上下文合并策略处理冲突能够有细力度的控制。我们会在下一章里详细讲解。

缺点：

- 如果你在后台线程做大量的操作，那么在协调器层会出现竞争问题。

    由于两个上下文共享一个协调器，所以在同一时间只有一个上下文能够使用协调器。如果在后台上下文中进行大量的数据导入、获取和保存操作，那么在主线程上下文中执行获取操作就可能需要等待一定时间才能进行。

- 当你尝试从一个上下文中访问一个已经在另一个上下文中被删除的对象时，可能会遇到一些比较罕见的问题。

例如，在主线程上下文中拥有一个惰值的引用，但是它在后台上下文中恰好被删除了。那么从删除操作被持久化开始，到主线程上下文得知这个删除操作之间会有一个短暂的时间空隙。在这个空隙中如果访问这个惰值就会导致应用异常并崩溃。因为 Core Data 无法填充这个已经不存在的惰值。我们会在第 9 章中讲解如何处理这个问题。

两个协调器

在这种设置方式下，我们会创建两个独立的 Core Data 栈，它们仅仅只共享同一个 SQLite 数据库。这样的设置会在协调器层上减少之前那个设置方式中提到的竞争问题的影响。因此，如果你需要在后台进行大量的数据导入操作，那么这种方式将是不错的选择。Apple 的这个示例工程[1]展示的正是这种方式的实际应用，如图 8.5 所示。

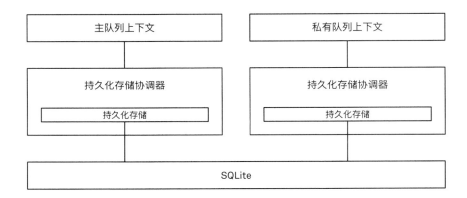

图 8.5　使用与分隔的持久化存储协调器相连接的两个上下文来最大化繁重后台工作的并行性

但是，提升性能并不是使用这种设置方式的唯一理由。如果你想通过两个不同的进程同时访问一个 SQLite 数据库的话，那么你也需要使用这种设置。在 OS X 中，一个常见例子是使用了守护进程的应用。主应用和守护应用需要访问同样的数据；它们都拥有自己的 Core Data 栈，并且它们访问的是同一个 SQLite 数据库。在 iOS 中也有同样的情形，比如 SQLite 数据库位于一个共享容器中，而且主应用和应用扩展都需要访问它。

这种设置方式将潜在的冲突点从栈层推移到了 SQLite 数据库层。SQLite 能同时处理一个写操作以及多个读操作，所以遇到竞争问题的概率会减少。但是，如果你尝试在两个上下文中同时进行数据保存操作，那么其中一个上下文还是要等待另一个完成才行。

---

[1] https://developer.apple.com/library/prerelease/mac/samplecode/Earthquakes/Introduction/Intro.html#//apple_ref/doc/uid/TP40014547

优点:

- 两个栈完全独立地工作。唯一共享的资源就是 SQLite 数据库。这样的设置所带来的是良好的并发处理繁重的后台任务的能力。

缺点:

- 行缓存不能在上下文之间共享。

  由于行缓存位于协调器层,所以每个栈各自管理自己的行缓存。如果你在一个上下文中插入新的对象,那么另一个上下文要访问这些对象的数据时,必须要从 SQLite 中再次获取它们才行。同样地,如果你在一个上下文中更新了现有的对象,那么另一个上下文也必须要从持久化存储中重新获取它们,以更新自己的行缓存。

  与之前提到的那种共享一个协调器的设置方式不同的是,在这些位于不同协调器上的上下文之间合并数据将不再是单纯的内存操作。我们总是需要通过来回访问 SQLite 来获取最新的数据。

- 对象的 ID 无法跨协调器使用。所以,你必须使用对象 ID 的 URIRepresentation。

  因为持久化存储的唯一标识符是对象 ID 的一部分,所以在一个栈中创建的 ID 无法直接在另一个拥有不同协调器的栈中使用。你必须调用协调器的 managedObjectIDForURIRepresentation(_:) 方法将来自另一个协调器的对象 ID 的 URI 表示 (URIRepresentation) 转换成在当前协调器上有效的对象 ID。

  托管对象上下文自带的合并更改的方法——mergeChangesFromContextDidSaveNotification(_:),以及静态方法——mergeChangesFromRemoteContextSave(_:intoContexts:)

  – 能够自动处理上述的 ID 转换。

嵌套上下文的设置

从 iOS 5 和 OS X 10.7 开始,Core Data 拥有了**嵌套上下文**特性。在这之前,托管对象上下文必须直接和持久化存储协调器连接。而现在你可以将一个上下文连接到另一个上下文。

在接下来的两部分中,我们首先会展示两个嵌套上下文的良好用例。在这之后,我们将进一步聊一聊嵌套上下文的错误用例及原因。

主线程上下文做为私有上下文的子上下文

嵌套上下文一个主要的用例就是将保存大量更改的操作放到后台进行。在传统的设置方式中，主线程 (UI 线程) 上下文直接连接到持久化存储。当你一次性在主线程上下文中保存大量更改时，就有可能会造成短暂的 UI 阻塞。比如当用户从剪贴板中粘帖一个大型文档，此时所有的保存操作就需要一次性完成。

使用嵌套上下文，你就可以将那些阻塞 UI 的操作放到一个私有队列上下文中进行，这个私有队列上下文必须处于主线程上下文和协调器之间，如图 8.6 所示。

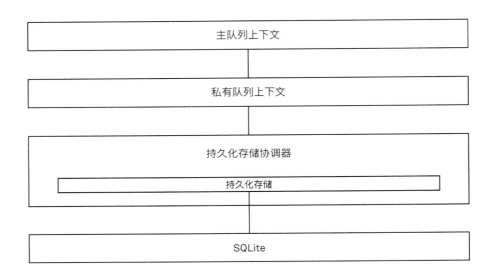

图 8.6　使用一个私有父上下文将主上下文中的大量更改推迟

在这种设置方式下，主线程上下文的保存操作将完全在内存中进行，因为所有的更改只会被推送到父上下文中。那些需要输入/输出 (I/O) 的耗时操作只会在保存私有队列上下文本身时才会进行。由于这是一个私有队列上下文，所以这些操作并不会阻塞 UI。

这并不是什么万全的解决方案；因为仍然会有潜在的竞争问题。如果你在私有队列上下文持久化保存数据的同时在主线程上下文中进行保存或者获取操作，那么主上下文中的这些操作仍然需要等待私有队列上下文操作结束。私有队列上下文在保存时需要加锁，从而有效地阻止主线程上下文访问协调器和持久化存储。

优点：

- 那些本来在主线程上下文中进行保存时带来的耗时的输入输出操作能够被延缓到父 (后台) 上下文中进行。

- 一个父上下文和一个子上下文，这样设置方式使用起来简单直接。

缺点：

- 如果你想要适当拓展一下这个设置，比如启用额外的子上下文或者多个互相分离的父上下文，那么将会有各种复杂的问题等着你。我们在后面会讨论具体细节。因为使用这种设置是有一定代价的，所以在使用它前，请确定在主线程上下文中持久化数据时确实存在性能问题。

临时子上下文

嵌套上下文另一个不错的用例就是使用临时的子上下文。你可以将另一个主线程上下文与应用程序的主 UI 上下文连接，成为其子上下文。然后在此上下文上进行数据更改，这样就不会影响到应用的其他部分。然后你可以决定是否要持久化这些更改，或者直接丢弃它们。

一个典型的例子就是联系人应用的编辑界面：你可以更改联系人的各项属性或是添加修改像是地址这样的相关的条目。如果用户取消了编辑界面，只要简单地丢弃子上下文就行。如果用户保存了更改，那么你需要首先在子上下文中执行保存操作从而将这些更改推送到应用的主上下文中，然后在主上下文中执行保存操作。

这样的设置方式大致如图 8.7 所示。

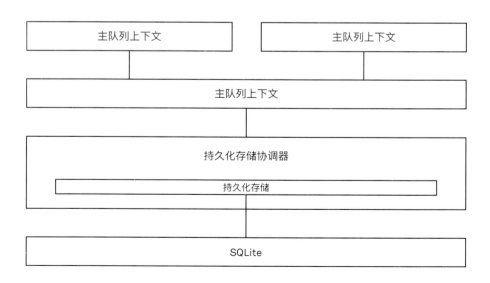

图 8.7　将子上下文作为可丢弃的暂存来使用

优点：

- 可以在子上下文中不断进行更改但不影响应用程序的其他部分。

缺点：

- 保存子上下文时会将所有的更改推送到父上下文，从而有可能**覆盖**父上下文中那些还未保存的更改。所以在实际使用这种设置时，你必须保证它能正确工作。

需要牢记的是，这种设置方式不涉及任何的并发操作；它仅仅提供了一种使用隔离的临时上下文来更改数据的方式。

在什么情况下不能使用嵌套上下文及其原因

使用嵌套上下文会给你的应用带来额外的复杂性。好消息是，如果你在使用时就把嵌套上下文当作不存在，那么这些复杂性就可以被忽略。但是如果你准备使用嵌套上下文，尤其使用不同于上面提到的那两种方式的设置时，那么你必须注意那些额外的复杂性甚至陷阱。

在这一部分内容里，我们首先会用一个错误的用例来展示在何种情况下不应该使用嵌套上下文，然后我们会进一步描述那些可能遇到的意外情况。

嵌套上下文通常用来在后台线程操作数据，一般来说，这类设置会是我们上面提到的两个独立的上下文和一个协调器设置方式的一种替代，它看起来大概是这样的，如图 8.8 所示。

这么做是为了使用处于上下文链最后的那个私有队列上下文来执行后台任务。这种方式主要有四个缺点：

- 在私有子上下文中执行的每一个获取操作都会阻塞 UI 直到该操作结束。当你需要从持久化存储中获取那些惰值时，也会发生同样的事情。

    除非使用异步获取操作，否则获取操作都是同步的，它们会阻塞所有位于始发上下文（执行获取操作的那个上下文）和协调器之间的所有父上下文。不过根据你在后台上下文中所做的不同操作，你有可能不会遇到这个问题。但是，这还是违背了一个基本原则，那就是在后台执行任务时必须尽可能得减少对 UI 线程的影响。

- 当你保存私有上下文时，**所有**的更改都会被推送到主上下文。

    如果不使用嵌套上下文，我们会将一个"上下文已保存"通知合并到主上下文中，从而将那些在私有上下文上做出的更改更新到主上下文中。如果所更改的对象并没有在主上下文中注册，那么它们会直接被忽略。相反地，当我们保存一个被嵌套的私有上下文时，那些被更改的对象无论是否在主上下文中注册，都必须在主上下文中被重新创建。

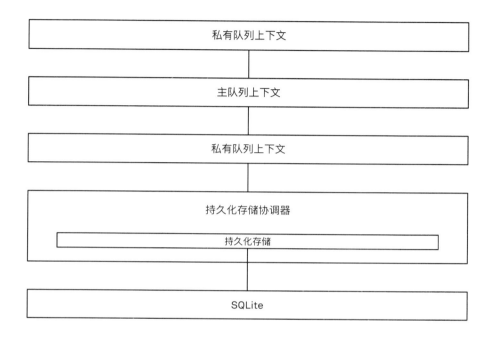

图 8.8　一种我们**不**推荐的使用嵌套上下文的例子

- 每一次保存都必须经过主上下文。在保存时，所有的更改都会被推送到主上下文中，你别无选择。

  通过使用两个互相分离的上下文，你可以选择不立即合并每一个"上下文已保存"通知，而是先完成所有的后台任务，然后用其他方式来通知 UI 刷新 (比如，手动一次性刷新整个 UI)。在多数情况下，当你需要导入大量数据时，这其实是一种非常明智的做法——尤其当那些新导入的数据并不影响已经呈现的 UI 时——因为在用户使用应用时 UI 并不需要经常被刷新。

- 当你保存私有上下文时，你失去了细粒度控制解决冲突的能力。

  当你保存一个上下文，并且这个上下文连接了持久化存储协调器时，你可以使用上下文的合并策略来处理冲突。但是当你保存一个子上下文时，合并策略会被忽略，并且父上下文中的数据会被覆盖。

不过公平来看的话，这种设置方式还是有一个潜在的优点的：**假如**你从来不将更改从父上下文合并到子上下文，那么在第一种设置方式里提到的边缘情况——当某个上下文在得知一个对象已经被删除之前，尝试去获取该对象的惰值——就不会出现。但是，这个**假如**很难满足，而且我们有其他方法来干净利落地解决这个问题，既没有我们上面提到的那些缺点，也不会带来额外的复杂性。

总之，我们强烈不推荐通过这种设置方式来使用嵌套上下文。此方式不仅不符合后台任务对 UI 的影响应该尽可能小的原则，而且同时引入了新的问题。

一般来说，嵌套上下文总是会带来一些复杂性，这与是否使用上面所提到的特殊的设置无关。接下来，我们会讨论其中一些复杂性问题以便当你在面对是否使用、何时使用以及使用时该注意什么这些问题时，能够做出明智的决定。

临时和永久的对象 ID

对象 ID，也就是 NSManagedObjectID，是 Core Data 的核心组件。它是那些位于同一个持久化存储协调器下的所有上下文中对象的唯一标识。至少在嵌套上下文出现之前可以这么讲。让我们来回顾一下在使用嵌套上下文之前对象 ID 是如何工作的。

当你在一个托管对象上下文中创建了一个新对象时，这个对象会拥有一个临时的 ID。你可以通过检查 NSManagedObjectID 的 temporaryID 标识来区分临时 ID 和永久 ID。当你成功保存了上下文，临时 ID 会被更换成另一个永久 ID，这个永久 ID 是由 SQLite 数据库分配的。从这之后，你就可以在那些连接到同一个协调器上的上下文中使用这个永久 ID 来作为对象在整个持久化存储中的唯一标识了。如果两个对象表示的是同样的数据，那么它们的 ID 也是相同的。(你甚至可以跨协调器使用这些 ID，只要通过使用 ID 的 URIRepresentation 来进行简单的转换就行。)

不幸的是，在嵌套上下文中这种情况会稍微有些不同。哪怕上下文已经保存，位于子上下文中的对象还是会保留它们的临时 ID。只有在根上下文 (直接连接到持久化存储协调器的上下文) 中的那些对象才会在上下文保存后获得永久 ID。所以上面提到的"在同一个协调器下，如果两个对象表示相同的数据那么它们的 ID 也相同"这个结论在此并不成立。

你可以等效地使用对象的临时或永久 ID 来获取相应的对象，但是这只在特定的范围内有效，这个范围是：从对象被创建的那个上下文往下一直到根上下文，以及根上下文的直接子上下文。在这个范围之外，你只能使用永久 ID。如果你在这个范围之外通过调用 objectWithID(_:) 方法并传入一个临时 ID 作为参数来实例化一个对象，那么你会得到一个对象不存在的错误 (当你使用这个对象时会造成程序崩溃)。

如果你想将一个对象的临时 ID 从子上下文传递到这个范围外的其他上下文中，并且想让这个临时 ID 继续有效，那么你首先需要显式地获取永久 ID。上下文提供了相应的方法：

obtainPermanentIDsForObjects(_:)。如果对象还没有被父上下文持久化，那么调用上面这个方法就会导致往返于 SQLite 数据库的操作。

最后一个值得注意的点是：如果你在始发上下文的子上下文中使用临时 ID，那么事情就会变得非常糟糕。在这种情况下，在调用 objectWithID(_:) 时根据传入的 ID 是临时的还是永久的，会返回两个不同的对象。换句话说，这打破了 Core Data 的唯一性保证，它导致在同一个上下文中有两个对象表示的数据完全相同。如果你修改了这两个对象并且尝试保存，那么事情将会变得更糟糕。

至此我们应该清楚了上面提到的使用嵌套上下文会带来**额外的复杂性**是什么意思了。我们之所以讲清楚这些问题并不是想让嵌套上下文看起来很糟糕——毕竟上面也提到了一些正确的用例。我们只是想让你在使用时能够注意那些陷阱，以便当你能够合理地选择恰当的工具来针对手头上的问题。

混合使用嵌套上下文和互相分离的上下文

嵌套父子上下文和多个上下文这两种设置方式并不能很好地混合起来使用。比如你可能会试着将父子上下文和另一个分离上下文结合起来从而能够获得两种设置的优点：将后台保存任务从 UI 线程分离，以及一个独立的上下文用于数据导入。这种设置看起来就如图 8.9 所示。

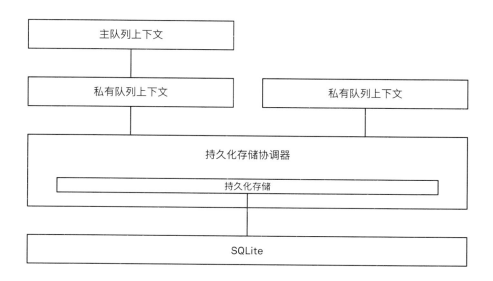

图 8.9　混合使用嵌套上下文和并行上下文并不简单

这听起来似乎不错，但不幸的是，在现实中这么做会带来一堆问题。第一个问题就是，将更改从分离上下文合并到主上下文并不如你所期望的那样工作。对于被更新的对象，合并一个"上下文已保存"通知仅仅只会在主上下文中刷新那些对象。但是由于主上下文是另一个上下文的子上下文，主上下文会试着从它的父上下文中获取那些新数据，而这些数据很有可能仍然是更新前的旧数据。

在 iOS 9 和 OS X 10.11 里，你可以通过调用 NSManagedObjectContext 的静态方法 mergeChangesFromRemoteContextSave(_:intoContexts:) 来解决这个问题。传入的第二个参数应该是一个数组，数组里的元素就是那些需要被更新的嵌套上下文。要注意的是，这个操作比起合并"上下文已保存"通知要昂贵得多；因此，它会对你的 UI 造成严重的影响。

在更早的一些系统版本中，你必须手动解决这个问题。比如，你可以**先**将保存通知合并到父上下文中，然后再将它合并到子上下文中。(由于父子上下文分别位于不同的队列，所以你要保证这两个合并操作**确实**能够按顺序进行。) 另一个方法是，在将"上下文已保存"通知合并到子上下文之前，在父上下文中手动刷新所有被更新的对象。

还有一个比较严重的问题是，根据你合并策略的不同，在保存父上下文时可能会出现两种结果，要么失败，要么将持久化存储中的数据被合并进来。在分离上下文对持久化存储中的数据进行了更改，而你又尝试着在父上下文中做同样的更改的时候，这个问题就会发生。但是，主 (子) 上下文并不会得知保存失败或是合并了冲突数据。你必须自己在主上下文中手动回滚那些更改，或是对冲突进行合并。

这些问题并不是无法解决的，但是解决这些边缘情况会让你的代码更复杂也更难理解。

有一个通用的法则，那就是你应该使用**最简单的** Core Data 栈。因为如果你尽可能地减少程序的复杂性，那么你就能够更容易地找到问题发生的原因。

在第 9 章里，我们会讲解本章中提到的那些复杂设置方式所带来的难题，并且讨论如何减少这些问题。

8.3　总结

Core Data 提供了灵活的设置方式来满足你不同的需求。但是并不是所有可行的设置方式都合理。在本章中，我们描述了几个最常见的方式：

1. 如果你没有阻塞 UI 的操作，那么就使用单一的 (主线程) 上下文。
2. 针对绝大部分后台任务，比如和网络服务同步数据，我们可以使用一个协调器搭配分离的主线程上下文和私有队列上下文。
3. 使用分离的协调器配合主线程上下文和一个处理大量繁重的后台任务的私有队列上下文，将会使操作对 UI 的影响降至最低。

4. 使用主上下文作为私有队列上下文的子上下文，以将后台保存大量数据的操作从 UI 线程分离开来。

5. 创建临时的主线程上下文作为 UI 主上下文的子上下文，这些临时的上下文在使用完后可以直接丢弃。

重点

- 在满足需求的前提下，尽可能使用简单的设置方式。

- 在访问上下文以及它的托管对象前，应先调度到该上下文所处的队列上，然后再进行操作。

- 尽可能将任务分离到多个不同的上下文中进行，这些上下文之间最好只通过"上下文已保存"通知来互相联系。

- 在不同的上下文之间只传递对象 ID。不过为了让对象的行缓存保持有效，你也可以在上下文之间直接传递对象本身，但是要注意在其他上下文所处的队列上，你只能访问和使用这些对象的 obejctID。

- 使用嵌套上下文会带来非常显著的复杂性。在你使用它之前先问自己一个问题，比起使用那些简单的设置，使用嵌套上下文是否真正能够更好地解决你的问题。

第 9 章　使用多个上下文的问题

当你开始同时使用多个托管对象上下文时，在这些上下文里更改数据就可能会出现冲突。

在第 2 章里，我们提到了保存时发生冲突以及 Core Data 如何通过两步乐观锁 (optimistic locking) 来检测这些冲突。在本章中，我们会进一步讲解如何使用那些预定义的合并策略来解决这些冲突，以及如何自定义一个合并策略。

我们也会讨论如何避免在删除对象时可能发生的竞争条件，以及如何在多个托管对象上下文中确保唯一性要求。

9.1　保存冲突

当你同时使用了多个托管对象上下文，在尝试保存不同的上下文时就可能发生冲突。这些上下文并不一定需要处于并发环境中——冲突甚至会发生在多个主线程上下文之间。

我们已经在第 5 章里提到了快照这个概念。快照其实就是字典，其中包含了每一个托管对象所关联的原始数据。快照表示了每个对象最后已知的持久化数据，其中包括了一个用于乐观锁的版本标识：当你尝试保存更改时，Core Data 会在不同的栈层之间比较这些版本标识。这样一来，当要存储托管上下文对象的数据时，Core Data 将其与原来的持久化数据进行比较，如果两者版本标识不同，就意味着这个持久化数据发生了改变，这就叫**保存冲突**。

冲突可能在以下两个不同的地方发生：

1. 在快照和持久化存储的行缓存数据之间
2. 在持久化存储的行缓存数据和 SQLite 的数据之间

第一种冲突会在多个上下文连接到同一个持久化存储协调器的情况下发生。第二种冲突会在多个持久化存储协调器连接到同一个持久化存储的情况下发生。

不管是何种情况，如何处理这些冲突都是由上下文的合并策略决定的。合并策略由 `NSMergePolicy` 类来表示，系统已经提供了一些预定义的合并策略，这些预定义的策略能够涵盖大部分常见的情况。默认的合并策略是 `NSErrorMergePolicy`，这个策略并不会去解决那些冲突，而是抛出一个 `NSManagedObjectMergeError` 错误，这个错误里包含了冲突的详细信息。

想要知道到底是哪里出错了，你可以检查错误的 `userInfo` 字典，这个字典里包含了一个 `conflictList` 键，它所对应的值是一个 `NSMergeConflict` 对象的数组[1]。这些对象的一些属性中包含了某个冲突的具体信息，相关属性如下：

- 源对象 (`sourceObject`)，就是引起合并冲突的那个托管对象。

- 对象快照 (`objectSnapshot`)、缓存快照 (`cachedSnapshot`) 和持久化快照 (`persisted-Snapshot`)，这三个字典分别包含了托管对象，持久化存储协调器和持久化存储的当前快照数据。这三个属性有可能是空 (`nil`)，到底哪个为空哪个不为空，要根据冲突具体发生的地方来决定。

- 新版本号 (`newVersionNumber`) 和旧版本号 (`oldVersionNumber`)，这两个属性包含的是冲突数据集 (比如在行缓存里发生的冲突以及在持久化存储里发生的冲突) 的版本号。版本号其实就是一个简单的整型数，它的值与数据库里的每一条记录相关联并且会随着每一次更改而增加。这样一来，Core Data 就能够知道某个快照相对于一个数据集来说是否已经过期。

当一个冲突发生并且当前的合并策略是默认的 `NSErrorMergePolicy` 时，将由你来决定以何种恰当的方式解决冲突并且重新保存那些待保存的数据。如果冲突发生在行缓存和 SQLite 之间，那么 Core Data 会用当前已持久化的数据来更新行缓存。这么一来我们就可以在使用持久化存储中的数据来更新托管对象中的属性的同时，保持那些还未存储的数据不变：具体做法是调用方法 `refreshObjects(_:mergeChanges:)` 并且使用 `true` 作为最后一个参数。刷新一个对象不仅会更新对象实体的属性，也会更新对象的乐观锁版本标识。

预定义的合并策略

除在冲突发生时简单地抛出错误的那个默认合并策略外，Core Data 还提供了另外四个预定义的合并策略，这些预定义策略能够涵盖所有的重要用例。

---

[1] 在写这一章的时候，苹果公司关于默认合并策略错误的文档 (*https://developer.apple.com/library/mac/documentation/CoreData/Reference/NSMergePolicy_Class/#//apple_ref/doc/constant_group/Merge_Policies*) 已经过时。

1. 回滚合并策略(NSRollbackMergePolicy)

   这种策略很简单，如果在保存时发生冲突，那么引起冲突的那个对象上的更改就会被丢弃。那些没有导致冲突的对象会被正常保存。

2. 覆盖合并策略(NSOverwriteMergePolicy)

   在这种策略下，需要被保存的对象上的数据会直接替换**所有**持久化存储里的相应数据。不会出现属性一个接一个地合并这种情况。如果有冲突，将以内存中的更改为最终结果，而且那些待保存对象的所有属性(不仅仅是那些更改了的属性)都会被写入持久化存储。

3. 属性合并且持久化存储中的数据获胜的合并策略(NSMergeByPropertyStoreTrumpMergePolicy)

   这个策略名字的前半部分预示着，在这种策略下，那些冲突的更改会被一个属性接一个属性地合并到某个对象上。如果某个属性只是在持久化存储里被更改了，但是在内存里没有更改，那么会使用前者。如果正好相反，那么在内存里的更改会被持久化。但是如果某个属性在持久化存储和内存里都被更改了，那么该策略名字的后半部分，**持久化存储中的数据获胜**(StoreTrumpMergePolicy)，就预示着到底会发生什么：位于持久化存储里的更改将会成为最终结果。

4. 属性合并且对象中的数据获胜的合并策略(NSMergeByPropertyObjectTrumpMergePolicy)

   这种策略和上面那个策略相似，不过在这种策略下，如果某个属性在持久化存储和内存里都被更改了，那么位于内存里的更改会成为最终的结果。

所有这些标准的合并策略都被定义成了单例对象，在使用时只要简单地将它们指定为托管对象上下文的 mergePolicy 就行。

到底该使用哪一个(如果要用)预定义的策略，这完全取决于你的实际用例，你的应用的行为应当要满足用户的期待。

自定义合并策略

除了那些预定义的合并策略，你也可以通过继承 NSMergePolicy 来创建自定义的合并策略。

到目前为止，我们已经在后台上下文(用来和网络服务通信)上使用了对象获胜(object-trump)的策略，并且在 UI 上下文上使用了持久化存储获胜(store-trump)的策略。这样的设置方式反映了一件事儿，那就是"一切以服务器上的数据为准"：如果 UI 上下文中的更改和网络服务导入的数据冲突，那么后者会胜出。

现在我们来创建一个自定义的合并策略，它会在那些默认的合并策略之上添加一个细节：**国家 (Country)** 和**大陆 (Continent)** 这两个对象都有一个属性叫 updateAt，列表视图使用这个属性来排序，这样一来最后更新的那个地区就会出现在列表的最上面。我们希望在合并这个 updateAt 属性时，最近的那个时间戳获胜。

当你考虑使用自定义合并策略时，你应该将自定义策略建立在现有的合并策略之上。选择与你的需求最接近的预定义合并策略，然后在此之上添加你的自定义规则。这正是我们接下来要做的：继续在 UI 上下文上使用持久化存储获胜策略，并在同步上下文中使用对象获胜策略，但是我们会在这些策略之上添加一些自定义的特性。

首先我们要实现一个必要构造函数 (required initializer)，并在这个构造函数里将需要在内部使用的标准合并策略封装起来：

```
public class MoodyMergePolicy: NSMergePolicy {
    public enum MergeMode {
        case Remote
        case Local

        private var mergeType: NSMergePolicyType {
            switch self {
            case .Remote: return .MergeByPropertyObjectTrumpMergePolicyType
            case .Local: return .MergeByPropertyStoreTrumpMergePolicyType
            }
        }
    }

    required public init(mode: MergeMode) {
        super.init(mergeType: mode.mergeType)
    }
    // ...
}
```

要实现自定义合并的相应逻辑,我们需要重写 resolveOptimisticLockingVersionConflicts(_:) 方法 (这个方法只存在于 iOS 9 和 OS X 10.11 以及之后的版本；在更早的系统版本里，你必须重写 resolveConflicts(_:) 这个方法):

```
public class MoodyMergePolicy: NSMergePolicy {
    // ...
```

Core Data 149

```
override public func resolveOptimisticLockingVersionConflicts(
    list: [NSMergeConflict]) throws
{
    var regionsAndLatestDates: [(UpdateTimestampable, NSDate)] = []
    for (c, r) in list.conflictsAndObjectsWithType(UpdateTimestampable) {
        regionsAndLatestDates.append((r, c.newestUpdatedAt))
    }

    try super.resolveOptimisticLockingVersionConflicts(list)

    for (var region, date) in regionsAndLatestDates {
        region.updatedAt = date
    }
}
```

在这个方法中，我们首先遍历了所有的冲突，参与这些冲突的托管对象必须是 UpdateTimestampable 类型的 (关于助手方法 conflictsAndObjectsWithType(_:) 的定义，请参见示例代码[1])。这个类型其实就是一个简单的协议，它包含了 Country 对象和 Continent 对象都有的 updatedAt 属性。在迭代的过程中，我们使用了一个 (对象, 日期) 多元组 (tuple)，并从 NSMergeConflict 实例中提取出最新的 updatedAt 值。为此，我们需要使用下面这个辅助方法：

```
extension NSMergeConflict {
    var newestUpdatedAt: NSDate {
        guard let o = sourceObject as? UpdateTimestampable else {
            fatalError("must be UpdateTimestampable")
        }
        let key = UpdateTimestampKey
        let zeroDate = NSDate(timeIntervalSince1970: 0)
        let objectDate = objectSnapshot?[key] as? NSDate ?? zeroDate
        let cachedDate = cachedSnapshot?[key] as? NSDate ?? zeroDate
        let persistedDate = persistedSnapshot?[key] as? NSDate ?? zeroDate
        return max(o.updatedAt, max(objectDate,
```

---

[1] https://github.com/objcio/core-data/blob/master/Moody/MoodyModel/MoodyMergePolicy.swift

```
            max(cachedDate, persistedDate)))
    }
}
```

合并冲突的实例包含一个 sourceObject 属性，它表示引起这个冲突的那个托管对象。此外，这些实例还有以下这三个属性——objectSnapshot、cachedSnapshot 以及 persistedSnapshot，它们分别包含了对象在上下文中的快照、在行缓存中的快照，以及在 SQLite 层的快照。我们只是简单地从这三个快照中提取出最新的日期并返回它。

在成功提取出我们希望最终胜出（最新）的那个日期后，我们会调用父类中的 resolveOptimisticLockingVersionConflicts(_:) 方法。这保证了所有现存的冲突将首先使用预定义的策略来合并，这些预定义的策略是在 MoodyMergePolicy 实例的构造函数中指定的。之后，我们再将之前保存在多元组里的日期值应用到那些发生冲突的 Country 和 Continent 对象中去。

还有其他一些需要我们自己来处理冲突的例子，比如我们在第 6 章里介绍的那两个去标准化的属性 numberOfMoods 和 numberOfCountries。在这个例子里，冲突的解决方法会更复杂一些，因为我们不能简单地从那些冲突的值中选择一个作为结果。比如如果是 Country 类，那么我们必须要通过刷新 country 对象并且访问它的 moods 关系，才能获取正确的心情数量。

```
public class MoodyMergePolicy: NSMergePolicy {
    // ...
    func resolveCountryConflicts(conflicts: [NSMergeConflict]) {
        for country in conflicts.conflictedObjectsWithType(Country) {
            country.refresh()
            country.numberOfMoods = Int64(country.moods.count)
        }
    }
}
```

对于 Continent 对象，我们必须多一步操作，那就是重新从 SQLite 中获取心情的个数，就像这样：

```
public class MoodyMergePolicy: NSMergePolicy {
    // ...
    func resolveContinentConflicts(conflicts: [NSMergeConflict]) {
        for continent in conflicts.conflictedObjectsWithType(Continent) {
```

```
        continent.refresh()
        continent.numberOfCountries = Int64(continent.countries.count)
        guard let ctx = continent.managedObjectContext else { continue }
        let count = Mood.countInContext(ctx) { request in
            request.predicate = Mood.predicateWithFormat("country IN %@",
                args: continent.countries)
        }
        continent.numberOfMoods = Int64(count)
    }
}
```

如果只使用你的应用来测试自定义合并策略，那么是非常困难的，因为你必须要让 Core Data 栈进入一个特殊的状态来触发合并策略中那些正确的代码路径。针对这样的情况，使用自动化测试会是一个相对简单的方法。你可以在这个示例[1]里找到上面那个自定义合并策略的测试代码。

要使用自定义合并策略，我们必须要将它同时设置到主上下文和同步上下文上：

```
public func createMoodyMainContext() -> NSManagedObjectContext {
    // ...
    context.mergePolicy = MoodyMergePolicy(mode: .Local)
    // ...
}


public final class SyncCoordinator {
    public init(
        mainManagedObjectContext mainMOC: NSManagedObjectContext)
    {
        // ...
        syncManagedObjectContext.mergePolicy =
            MoodyMergePolicy(mode: .Remote)
        // ...
    }
}
```

---

[1] https://github.com/objcio/core-data/blob/master/Moody/MoodyModelTests/MoodyMergePolicyTests.swift

9.2 删除对象

一旦你在并发环境下使用两个或更多上下文，那么你可能需要小心处理对象的删除。

在大多数多个上下文的设置方式中，删除操作是可能会引起崩溃的。如果在某个上下文中有个惰值，并且这个惰值所对应的对象在另一个上下文中被删除了，那么第一个上下文就无法填充这一个惰值。如果你尝试去填充这个惰值，那么就会导致一个运行时异常，因为这个惰值所引用的数据已经不存在了。

每当在某个上下文中删除一个对象时，所有其他的上下文必须将这个删除更改进行合并。当合并完成后，所有那些在起始上下文中被删除的对象也同样会在其他上下文中被标记为已删除，这时候再访问它们的话就不会导致崩溃了。但是，如果需要执行合并操作的上下文和起始上下文处于不同队列，那么前者仍然有可能在合并发生前访问那个惰值，如图 9.1 所示。

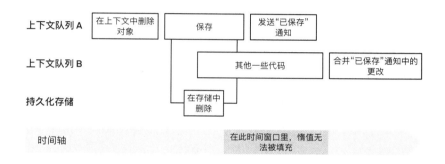

图 9.1 在某个上下文中删除对象而另一个位于不同队列的上下文想访问这个对象，这之间的时间差就有可能会造成崩溃

不过如果应用程序只有一个上下文或者所有的上下文都是主线程上下文，那么这个问题就不会发生。因为在这些设置方式下，所有的上下文都位于同一个队列，并且只要更改被合并到另外的上下文，那么那些被删除对象的惰值就会被同步地标记为已删除。

如果确实需要在不同的队列上使用多个上下文，那么我们有两种方法来解决上面说的这个问题。

在 iOS 9 和 OS X 10.11 中，`NSManagedObjectContext` 中有一个属性叫 `shouldDeleteInaccessibleFaults`。如果我们在某个上下文上设置了这个属性，然后这个上下文尝试填充一个在持久化存储中已经不存在的惰值，那么这个惰值对象就会被简单地标记为已删除。

虽然这是一个很简单的解决方法，但是这个简单粗暴的方法也带来了一些我们必须要注意的缺点：被删除对象上所有的关系都会变成 `nil`，所有的属性也都会根据其类型被设置为零或者 nil。不过只有当对象所有的属性都是可选 (Optional) 类型时，上述的操作才会发生。如果对象的某个或某些属性不是可选类型，那么在这个对象被删除之后，再去访问这些不可选类型属性中的某一个就会导致运行时崩溃。此外，一旦开启了 shouldDeleteInaccessibleFaults (译者注：该属性默认值为 YES，即开启)，Core Data 就再也无法在非可选属性上执行验证了。

如果上述的限制对于你的应用来说没有太大的问题，那么设置 shouldDeleteInaccessible-Faults 就是最简单的解决方法了。不过你要注意检查对象的每个属性和关系，确保它们和对象模型公开的属性和关系的可选性保持一致。

两步删除法

另一个解决问题的方法叫两步删除法，它的优点是能够在 iOS 9 和 OS X 10.11 之前的那些系统上使用。在这个策略下，我们首先会将要删除的对象标记为"删除正在进行中"，而不是直接删除对象。这个标记会被合并到所有的上下文中。此时，所有的上下文**必须**释放对这个已被标记的对象的引用。当上面的两个操作全部完成后，起始上下文就可以在合适的时间删除该对象。

一个相对简单的实现方式就是，在对象实体 (entity) 上添加一个可选类型属性——markedForDeletionDate (被标记删除日期)，然后在托管对象的子类上添加一个方法 markForLocalDeletion() (标记为本地删除)，这个方法将会设置前面那个属性。我们会通过 DelayedDeletable 协议来定义这个功能，所有托管对象的子类都会遵循这个协议：

```
public protocol DelayedDeletable: class {
    var markedForDeletionDate: NSDate? { get set }
    func markForLocalDeletion()
}
```

调用 markForLocalDeletion() 方法会将 markedForDeletionDate 设置为当前日期：

```
extension DelayedDeletable where Self: ManagedObject {
    public func markForLocalDeletion() {
        guard fault || markedForDeletionDate == nil else { return }
        markedForDeletionDate = NSDate()
    }
}
```

在默认情况下，markedForDeletionDate 属性的值是 nil，然后我们在处理 UI 时将那些设置了这个属性的对象过滤掉。我们可以通过修改定义在 ManagedObjectType 上的默认谓词 (predicate) 来轻易地实现这个功能，因为所有来自 UI 的取请求都会使用这个谓词。

在实现时，首先我们要在 DelayedDeletable 协议里声明一个公开的谓词属性，它会被用来过滤出那些没有被删除的对象：

```
extension DelayedDeletable {
    public static var notMarkedForLocalDeletionPredicate: NSPredicate {
        return NSPredicate(format: "%K == NULL", MarkedForDeletionDateKey)
    }
}
```

然后我们将这个谓词作为对象的默认谓词返回——就像下面这个 Country 对象的 ManagedObjectType 扩展一样：

```
extension Country: ManagedObjectType {
    // ...
    public static var defaultPredicate: NSPredicate {
        return notMarkedForLocalDeletionPredicate
    }
}
```

使用这个方法，应用就可以在合适的时间执行获取请求来获取满足条件的特定对象了，这些条件就是：对象的 markedForDeletionDate 属性的值为非 nil，并且这个值不早于一定的时间 (比如两分钟) 之前。任何符合要求的对象都会从数据库里被永久删除。一般来说我们可以在应用进入后台时执行这一步操作。

在 iOS 9 和 OS X 10.11 中，可以简单有效地通过批量删除达到相同目的。因为我们知道此时已经没有对象还继续保持着对这些对象的引用，所以我们不用担心在批量删除后更新上下文会出问题，具体我们会在批量更新中进行解释：

```
extension ManagedObjectType where Self: ManagedObject {
    private static func batchDeleteObjectsMarkedForLocalDeletionInContext(
        managedObjectContext: NSManagedObjectContext)
    {
        let fetchRequest = NSFetchRequest(entityName: entityName)
        let cutoff = NSDate(timeIntervalSinceNow:
```

Core Data 155

```
            -DeletionAgeBeforePermanentlyDeletingObjects)
        fetchRequest.predicate = NSPredicate(
            format: "%K < %@", MarkedForDeletionDateKey, cutoff)
        let batchRequest = NSBatchDeleteRequest(
            fetchRequest: fetchRequest)
        batchRequest.resultType = .ResultTypeStatusOnly
        try! managedObjectContext.executeRequest(batchRequest)
    }
}
```

在更早的 OS 版本里,对于那些要删除的对象,首先要执行一个基本的获取请求,然后删除这些取到的对象,最后再次保存上下文。

传播删除

当你使用了两步删除法后,如果对象只是被**标记**为已删除但实际还没有被删除,那么 Core Data 的关系删除规则就会无效。如果你需要将一个被标记为已删除的对象从关系中移除,那么你必须要进行手动的操作。

在我们的示例应用中有这么一个例子:在第 2 章中,我们在 prepareForDeletion() 方法里实现了一个自定义的删除规则,我们用它来删除那些不再引用 Mood 对象的 Country 对象,同时也删除那些不再引用 Country 对象的 Continent 对象。但是在两步删除法里,直到对象被永久删除时方法 prepareForDeletion() 才会被调用。

为了恢复这个功能,我们需要重写托管对象的 willSave() 方法。就拿 Country 对象来说,如果一个 Country 对象被标记为已删除,那么我们就会将它的 continent 关系设置为 nil:

```
public override func willSave() {
    // ...
    if changedForDelayedDeletion {
        removeFromContinent()
    }
}
```

我们通过扩展 DelayedDeletable 协议的方式实现了 changedForDelayedDeletion 属性,用来检查托管对象的 markedForDeletionDate 属性是否含有未保存的更改。

```
extension DelayedDeletable where Self: ManagedObject {
    public var changedForDelayedDeletion: Bool {
        return changedValues()[MarkedForDeletionDateKey] as? NSDate != nil
    }
}
```

9.3 唯一性约束

你必须时不时地确认一个对象的特殊标识或是其他某种唯一标识信息在持久化存储里是唯一的存在。比如我们的示例应用里**心情** (Moody) 中的**国家** (Country) 实体。我们使用了数字国家码来表示每一个国家。所谓的唯一性，就是不能让两个拥有相同国家码的国家同时出现在 SQLite 数据库记录里。

一旦我们开始在多个上下文中创建 Country 对象，我们就必须要考虑到这个唯一性要求。比如下面这个问题就有可能发生：我们在巴黎捕捉到了一个心情，于是在主线程上下文中创建了一个国家对象——法国，但是在同一时间，另外一个人也在法国捕捉到了一个心情并且通过服务器推送给了我们。这个时候后台同步上下文执行了保存操作 (于是这个法国对象被持久化到了数据库)，过了一会儿我们在主线程上下文上执行保存操作。看，我们在 SQLite 数据库里创建了两个法国的记录。

其中一个解决方法是，只在一个托管上下文中来插入具有唯一性要求的新对象。事实上，如果你需要支持 iOS 9 和 OS X 10.11 之前的系统，那么这将是你唯一的解决方法。

在 iOS 9 和 OS X 10.11 里，Core Data 增加了一个新的特性叫**唯一性约束**。它让我们能够给每一个实体指定唯一性要求。我们可以通过代码在 NSEntityDescription 上指定这些约束，也可以在 Xcode 中的数据模型面板上指定。

通过在**地理区域** (GeographicRegion) 这个实体的**数字国际码** (numericISO3166Code) 属性上创建唯一性约束，当保存更改时，我们就可以在以下两个不同层面上保证 Country 和 Continent 对象的唯一性：[1]

1. 当上下文被保存时，位于这个上下文中的多个对象必须满足这个约束。

2. 位于持久化存储里的数据，连同那些要被保存的对象都必须满足这个约束。

---

[1] 在写这本书的时候系统存在一个漏洞 (rdar://22753815)。具体表现为，我们无法在一个整型属性上创建唯一性约束，我们只能在约束中添加另一个假的 Int16 属性来暂时解决这个问题。

这可能让你想起了我们在保存上下文时用来检测冲突的两步乐观锁方法。事实上，系统使用相同的机制来汇报和解决唯一性约束冲突，这个机制就是上下文合并策略。

就如那些乐观锁冲突那样，在唯一性约束冲突发生时，如果你没有在要保存的上下文上设置合并策略，那么当执行保存操作时就会抛出错误。这个错误包含一个 userInfo 字典，你可以通过 "conflictList" 键来从中获取一个 NSConstraintConflict 对象，这个对象里包含了错误的具体信息。

如果你使用了某个之前提到的预定义合并策略，那么它会自动为你解决唯一性约束冲突。如果冲突仅仅是发生在上下文中的多个对象之间，那么所有这些预定义合并策略会使用相同的解决方法，那就是在这些象中选取其中一个来解决这个冲突。但是，如果冲突发生在对象和已经被持久化的数据之间，那么解决方法就会有所不同：

1. 回滚合并策略 (NSRollbackMergePolicy)

    已经被持久化的数据总是会获胜，所以在上下文中发生冲突的更改会被回滚。

2. 覆盖合并策略 (NSOverwriteMergePolicy)

    位于上下文中的更改会获胜。在这种情况下，被这个更改替换掉的对象会被删除。

3. 属性合并且持久化存储中的数据获胜的合并策略 (NSMergeByPropertyStoreTrumpMergePolicy)

    这个策略和 NSRollbackMergePolicy 一样。

4. 属性合并且对象中的数据获胜的合并策略 (NSMergeByPropertyObjectTrumpMergePolicy)

    已经被持久化的对象继续存在，然后那些未保存的冲突更改会被回滚。但是未保存对象中其他的更改会被合并到持久化存储中去。

这些合并策略有一个共性，就是那些唯一性约束冲突所牵连的对象可能会在保存的过程中被删除。如果它们被删除了，那么你要确保断开所有对这些对象的引用。这些更改会出现在"对象已保存"通知里。使用这样一种被动的方式来处理更改的另一个好处是：可以使用相同的方法来处理由于唯一性约束冲突而被删除的对象，以及由于服务器上的更改而被删除的对象。

你也可以在自定义的 NSMergePolicy 子类中调整处理唯一性约束冲突的方法。比如，你可能有一些特别的标准，从而使某个含有冲突对象的上下文能够最终胜出。你可以通过覆盖 resolveConstraintConflicts(_:) 方法来实现这种特定的规则。

9.4 总结

一旦你使用了多个甚至是并发的上下文，你就必须要考虑在这些下上下文上设置恰当的合并策略。如果那些预定义的合并策略无法满足你的需求，那么你要选择一个和需求最相近的预定义策略，然后在这个策略之上创建一个自定义的 NSMergePolicy 子类。

如果你在并发环境下使用多个上下文，那么在删除对象时，你同样需要处理那些竞争条件。在 iOS 9 和 OS X 10.11 中可以通过设置上下文的 shouldDeleteInaccessibleFaults 属性来处理这个问题，这是一个非常简便的方法。但是，这样的简便是有代价的。除此之外，你也可以使用两步删除法来实现一个更健壮的方法。

最后，你也需要考虑是否在对象上确保唯一性约束。如果要确保并且你又需要支持 iOS 9 和 OS X 10.11 之前的系统，那么对于这些有唯一性约束的实体，在执行写入操作时，这些操作必须被限制在同一个托管对象上下文中。如果你不需要支持这些旧的系统，那么可以直接使用 Core Data 新增加的唯一性约束特性。

IV

进阶话题

第 10 章　谓词

一个谓词封装了一种标准，对象要么符合这个标准，要么不符合。比如这样的一个问题或者说是标准——"这个人的年龄是否超过了 32 岁？"就可以被封装成一个谓词。然后我们就可以用这个谓词来判断某个人 (Person) 对象是否符合这个标准。

NSPredicate 的核心是 evaluateWithObject(_:) 方法，这个方法需要一个对象作为参数然后会返回一个布尔值。谓词在 Core Data 中扮演了一个非常特殊的角色。Core Data 会将谓词转换成一个SQL WHERE 语句，然后就可以通过 SQLite 来迅速地在数据库中的对象上执行谓词，而不用在内存中创建那些对象。

我们使用谓词来匹配某个特定的对象，或者从一个对象集中筛选出一个更小的集合。无论如何，值得注意的是我们既可以将谓词作为获取请求的一部分来使用，也可以直接使用谓词的 evaluateWithObject(_:) 方法来筛选对象。

在本章中，我们不光会介绍那些简单的谓词，也会介绍一些更复杂的例子。本章的讨论侧重于 Core Data 中谓词的使用。当然谓词也可以被独立地使用，不过我们不会在这里讨论更多的细节。

你可以在 GitHub 上找到这个与本章内容有关的 playground[1]。

10.1　一个简单的例子

一个最简单的谓词就是判断一个数字字段是否等于某个特定的值。假如在 **Person** 这个实体上有一个 16 位的整型字段叫 **age**，我们可以创建一个谓词来匹配那些年龄等于 32 的对象：

```
let predicate = NSPredicate(format: "age == 32")
```

---

[1]*https://github.com/objcio/core-data*

虽然上面这么做没有问题，但是我们还是强烈建议不要将键名硬编码到谓词中。因为这么做不仅会使后续的更改变得非常困难，也会使得拼写错误更难被发现。所以我们建议定义一个基于字符串的枚举类型，每一个枚举值对应一个键名，比如像这样：

```
public class Person: ManagedObject {
    public enum Keys: String {
        case givenName
        case familyName
        case age
        // ...
    }

    @NSManaged public var givenName: String
    @NSManaged public var familyName: String
    @NSManaged public var age: Int16
    // ...
}
```

使用上面这个方法，我们就可以像下面这样来创建谓词：

```
let predicate = NSPredicate(format: "%K == 32", Person.Keys.age.rawValue)
```

这个 %K 是 NSPredicate 特有的一个格式字符，它只能用来表示键名。

同样地，我们也可以为 age 这个属性创建别的谓词：

```
let predicateA = NSPredicate(format: "%K <= 30", Person.Keys.age.rawValue)
let predicateB = NSPredicate(format: "%K > 30", Person.Keys.age.rawValue)
let predicateC = NSPredicate(format: "%K != 24", Person.Keys.age.rawValue)
```

在开始下一个知识点之前，让我们来快速地了解下如何使用谓词。

使用谓词

获取请求拥有一个可选类型的属性——predicate。不过我们之前提到过，我们也可以通过调用谓词的 evaluateWithObject(_:) 方法来直接使用它。

要做到这一点，我们只用将需要被评估的对象作为参数传递给这个方法就行：

```
let predicate = NSPredicate(format: "age == 32")
if predicate.evaluateWithObject(person) {
    print("\(person.name) is 32 years old")
} else {
    print("\(person.name) is younger or older than 32 years")
}
```

为了限制一个获取请求的结果，让那些被获取到的对象满足于一个特定的谓词，我们需要将谓词设置到获取请求上去：

```
let request = NSFetchRequest(entityName: Person.entityName)
request.fetchLimit = 1
request.predicate = NSPredicate(format: "age == 32")
let result = try! moc.executeFetchRequest(request) as! [Person]
if let person = result.first {
    print("\(person.name) is \(person.age) years old")
}
```

10.2　用代码来创建谓词

值得指出的一点是，我们同样可以用代码来构建一个谓词，尽管这样的做法在实际项目中很少见。大多数时候我们会像上面那些代码片段里做的那样使用格式字符串来创建谓词：

```
let predicate = NSPredicate(format: "%K == %ld", Person.Keys.age.rawValue, 32)
```

这是一个**比较型谓词**。它拥有一个表达式，在表达式左边是键 age；右边是一个常量 32；中间是一个比较操作符 ==。我们可以使用 NSComparisonPredicate 这个类来创建这一类谓词。

```
let predicate = NSComparisonPredicate(
    leftExpression: NSExpression(forKeyPath: Person.Keys.age.rawValue),
    rightExpression: NSExpression(forConstantValue: 32),
    modifier: .DirectPredicateModifier,
    type: NSPredicateOperatorType.EqualToPredicateOperatorType,
    options: [])
```

上面这段代码非常的啰唆。但是它给我们带来了大量的灵活性，如果我们在创建谓词时需要较强的动态性，那么这样的灵活性就会变得非常有用。我们可以在运行时动态地替换键、常量或者是比较操作符。

NSPredicate 的 predicateFormat 属性可以很好地帮助我们调试那些通过代码创建的谓词。这个属性会返回一个格式字符串，使用该字符串可以创建出一个相同的谓词。

除了比较型谓词，还有另一种叫**复合型谓词**。我们会在后面讲解这种谓词。

10.3 格式字符串

在大多数情况下，基于格式字符串可以让我们更容易地阅读和书写谓词。

在本章的开头部分我们就提到过，不要在格式化字符串里硬编码任何属性名(比如键)，而是使用 %K 这样的格式字符("K"代表键)，这是一种很好的做法。同样地，我们也可以使用 %ld 这个格式字符串来表示整数类型(Int)的值。

```
let a: Int = 25
let predicate = NSPredicate(format: "%K == %ld", Person.Keys.age.rawValue, a)
```

对于双精度浮点类型(Double)的值，我们需要使用 %la 这个格式字符。对于浮点类型(Float)的值，要使用 %a。

```
let a: Double = 25.6789012345679
let predicate = NSPredicate(format: "%K >= %la", Person.Keys.age.rawValue, a)

let a: Float = 25.67891
let predicate = NSPredicate(format: "%K <= %a", Person.Keys.age.rawValue, a)
```

如果是 NSDate 或者 NSNumber 的实例(这两个都是 NSObject 的子类)，我们就必须用 %@ 这个格式字符：

```
let day = NSDateComponents()
day.hour = -1
let date = NSCalendar.currentCalendar().dateByAddingComponents(
    day, toDate: NSDate(), options: .WrapComponents) ?? NSDate()
let predicate = NSPredicate(format: "%K < %@",
    Person.Keys.modificationDate.rawValue, date)
```

```
let age = NSNumber(integer: 25)
let predicate = NSPredicate(format: "%K == %@", Person.Keys.age.rawValue, age)
```

如果想知道所有格式字符的语法细节，那么请务必查阅苹果公司的这个文档——谓词中的格式字符串语法[1]。

比较

我们可以在谓词中使用下面这几个简单的比较操作符：等于操作符 ==；不等式操作符 <，>，<= 和 >=；以及**不等于**操作符 !=。其中某些操作符还有替代版本，比如 = (可替代 ==)、=< (可替代 <=)、=> (可替代 >=) 和 <> (可替代 !=)。所有这些操作符都可以和上面提到的那些格式字符结合起来使用。

我们可以使用 BETWEEN 谓词来检测一个值是否位于一个闭合区间内，比如 1 BETWEEN { 0 , 33 }。在创建这样的谓词时，我们可以使用 %@ 这个格式字符并且传入一个数组，这个数组包含两个值：分别表示闭合区间的起始和结束。这个谓词会匹配那些等于闭合区间起始或者结束的值，以及那些位于起始和结束之间的值。我们既可以使用数字区间，也可以使用日期区间来进行匹配。

比如我们可以使用下面这个谓词来匹配年龄大于或等于 23 岁但是又不大于 28 岁的 **Person** 的实体：

```
let predicate = NSPredicate(format: "%K BETWEEN %@",
    Person.Keys.age.rawValue, [23, 28]).predicateFormat
let predicate = NSPredicate(format: "%K BETWEEN {%ld, %ld}",
    Person.Keys.age.rawValue, 23, 28).predicateFormat
```

如果我们想检测一个值是否包含在多个特定的值中，那么我们可以使用 IN 这个操作符并将这些特定值放入一个数组传入谓词，就像这样：

```
let primeNumbers = [13, 17, 19, 23, 29, 31, 37, 41, 43, 47]
let predicate = NSPredicate(format: "%K IN %@",
    Person.Keys.age.rawValue, primeNumbers)
```

---

[1] https://developer.apple.com/library/ios/documentation/Cocoa/Conceptual/Predicates/Articles/pSyntax.html

可选类型值

在 Core Data 中属性可以被设置成可选类型。但是当这些可选属性和获取请求中的谓词结合起来使用的时候，会出现非常违反常理的表现。

假如在 **Person** 这个实体上有一个可选类型属性叫 carsOwnedCount，我们可以将这个属性设置为 nil 或者一个整型值。考虑下面这种情况：

```
let pA = NSPredicate(format: "%K == 1",
    Person.Keys.carsOwnedCount.rawValue)
let pB = NSPredicate(format: "%K >= 1",
    Person.Keys.carsOwnedCount.rawValue)
let pC = NSPredicate(format: "%K == nil",
    Person.Keys.carsOwnedCount.rawValue)
```

不出所料的话，这几个谓词将会分别匹配那些 carsOwnedCount 值等于 1 的对象、大于或等于 1 的对象或者为 nil 的对象。不论是在获取请求上使用这些谓词还是直接使用这些谓词的 evaluateWithObject(_:) 方法，都能正确地筛选出符合标准的对象。

但是，我们来看一下这个例子：

```
let pD = NSPredicate(format: "%K != 2",
    Person.Keys.carsOwnedCount.rawValue)
```

如果我们使用这样一个谓词来匹配那些 carsOwnedCount 值不等于 2 的对象，那么通过获取请求来使用谓词，和直接使用它的 evaluateWithObject(_:) 方法，含义是不一样的。当通过获取请求使用时，SQLite 会返回那些 carsOwnedCount 不等于 2 并且不为 nil 的对象。但是，evaluateWithObject(_:) 方法的返回结果中就会包含那些 carsOwnedCount 值为 nil 的对象。

因此，在可选类型属性上使用**不等于**来匹配的那些谓词中，我们需要明确地添加 %K != nil：

```
let pE = NSPredicate(format: "%K != 2 AND %K != nil",
    Person.Keys.carsOwnedCount.rawValue,
    Person.Keys.carsOwnedCount.rawValue)
```

上面这个谓词不管是通过获取请求来使用还是通过 evaluateWithObject(_:) 来使用，效果将是一样的。所以如果需要匹配的属性是可选类型，最稳妥的办法就是不管怎样都要检查该属性是否为 nil（根据具体需求，可以用 AND %K != nil 或者 OR %K == nil），这么做是为了让谓词在匹配时保持意义明确。

日期

对象上的日期属性是通过 NSDate 的实例来表示的。正如我们所料，不等操作符 < 和 > 会分别匹配比目标日期早的日期和比它晚的日期。

假设我们的对象有一个属性叫 modificationDate（修改日期），那么我们可以像下面这么做，来匹配修改日期比某个特定日期早的那些对象：

```
let date = NSCalendar.currentCalendar().dateByAddingUnit(
    .Day, value: -1, toDate: NSDate(),
    options: .WrapComponents) ?? NSDate()
let predicate = NSPredicate(format: "%K < %@",
    Person.Keys.modificationDate.rawValue, date)
```

NSDate 类的内部包装了一个双精度浮点值，这个值表示日期与绝对参考日期 00:00:00 UTC on 1 January 2001（2001 年 1 月 1 日 00:00:00 世界标准时）之间相差的秒数。在 SQLite 中保存的就是这个双精度浮点值，同时谓词也是基于这个值来匹配的。

这就是为什么在两个日期上做相等比较的时候，只有当两个浮点值完全相等的时候这两个日期才算相等的原因。因此通常来说，检查日期是否处于某个区间内才是更恰当的做法：

```
let predicate = NSPredicate(format: "%K BETWEEN {%@, %@}",
    Person.Keys.modificationDate.rawValue, startDate, endDate)
```

10.4 合并多个谓词

我们可以使用逻辑操作符 AND、OR 和 NOT 将多个简单的谓词合并起来。这样一来我们就能创建那些更复杂的谓词：

```
let predicateA = NSPredicate(format: "%K >= 30 AND %K < 32",
    Person.Keys.age.rawValue, Person.Keys.age.rawValue)
let predicateB = NSPredicate(format: "%K == 30 OR %K == 31",
```

```
    Person.Keys.age.rawValue, Person.Keys.age.rawValue)
let predicateC = NSPredicate(format: "NOT %K == 24",
    Person.Keys.age.rawValue)
```

通常来说，我们希望使用现有的谓词来创建复杂谓词。比如在 Person 这个类里我们可能会定义以下这两个谓词：isRecentlyModifiedPredicate (是否在近期被修改过) 和 isMayorPredicate (是否是市长)：

```
extension Person {
    static var isRecentlyModifiedPredicate: NSPredicate {
        let date = NSCalendar.currentCalendar().dateByAddingUnit(
            .Day, value: -1, toDate: NSDate(),
            options: .WrapComponents) ?? NSDate()
        return NSPredicate(format: "%K < %@",
            Person.Keys.modificationDate.rawValue, date)
    }
    static var isMayorPredicate: NSPredicate {
        return NSPredicate(format: "%K != nil", Person.Keys.mayorOf.rawValue)
    }
}
```

假如我们想创建一个谓词来匹配"既是市长又在近期被修改过"的那些对象。不过我们不希望重复已经存在的那些逻辑，而是将现有的谓词合并起来，那么我们可以使用 NSCompoundPredicate 来实现，它支持上面提到的那三个逻辑操作符——AND、OR 和 NOT：

```
extension Person {
    static var isMayorAndRecentlyModifiedPredicate: NSPredicate {
        return NSCompoundPredicate(andPredicateWithSubpredicates:
            [Person.isRecentlyModifiedPredicate, Person.isMayorPredicate])
    }
    static var isMayorOrRecentlyModifiedPredicate: NSPredicate {
        return NSCompoundPredicate(orPredicateWithSubpredicates:
            [Person.isRecentlyModifiedPredicate, Person.isMayorPredicate])
    }
}
```

如果需要一个现有谓词的否定谓词，那么我们可以使用 NSCompoundPredicate(notPredicateWithSubpredicate:) 这个方法来实现：

```
extension Person {
    static var notMayorPredicate: NSPredicate {
        return NSCompoundPredicate(
            notPredicateWithSubpredicate: Person.isMayorPredicate)
    }
}
```

常量谓词

我们可以使用格式字符 YES 和 NO 以及相应的 TRUEPREDICATE 和 FALSEPREDICATE 来创建常量谓词。同样地，我们也可以使用 NSPredicate(value:_) 这个构造函数来创建常量谓词：

```
let predicate = NSPredicate(value: true)
```

上面这个常量谓词很有用，我们可以将它作为对象的某个谓词属性的默认返回值，从而使这个对象能够符合一个特定的协议。

如果在应用中允许某些对象能够被隐藏，那么这些对象就可能会有一个 hidden 属性。对于这些对象 (甚至是那些没有 hidden 这个属性的对象)，我们可以像下面这样定义一个 hiddenPredicate 属性来将这个概念抽象到一个特定协议中：

```
protocol Hideable {
    static var hiddenPredicate: NSPredicate { get }
}

extension Person: Hideable {
    static var hiddenPredicate: NSPredicate {
        return NSPredicate(format: "%K", Person.Keys.hidden.rawValue)
    }
}

extension City: Hideable {
    static var hiddenPredicate: NSPredicate {
```

```
        let predicate = NSPredicate(value: true)
        return predicate
    }
}
```

10.5 遍历关系

我们可以直接在谓词中遍历关系。在谓词里只要看到 %K 这个字符，我们就既可以传入一个键，也可以传入所谓的键路径 (key path) 来构建这个谓词。

至于具体如何使用取决于关系是"对一"关系还是"对多"关系。在我们的 City 这个实体上，有一个关联到 Person 的关系叫 mayor (市长)。如果我们想基于市长的年龄来匹配城市的话，我们就可以使用 mayor.age 这个键路径：

```
let predicate = NSPredicate(format: "%K.%K > %lu",
    City.Keys.mayor.rawValue, Person.Keys.age.rawValue, 30)
```

当我们在遍历一个"对多"关系时，在这个关系的另一头 (可能) 会有多个对象，比如 City 这个对象的 visitors (访客) 关系就可能含有多个 Person 对象。在这样的情况下，我们就需要更具体的标准来匹配所需的对象。

其中一个方法就是使用"任意"匹配：使用"任意"匹配的谓词必须包含 ANY 这个关键词。比如下面这个例子，只要一个城市的任何一个访客年龄小于 21 岁，这个城市就会被匹配到：

```
let predicate = NSPredicate(format: "ANY %K.%K <= %lu",
    City.Keys.residents.rawValue, Person.Keys.age.rawValue, 20)
```

子查询

如果我们想查找一些城市，这些城市所有居民的年龄都小于 36 岁，那么我们必须要依赖一个子查询 (Subqueries) 来达到这个要求。子查询有点像一个递归的获取请求，不过所有子查询都是在 SQLite 中直接执行的，所以相对来说性能更高。刚开始的时候你可能会觉得子查询有点笨重，但是当你习惯之后，可以使用子查询来构建非常强大的查询语句。

子查询最常见的用法是查询某个关系的目标对象，比如 Person，然后检测查询结果的数目是否为 0：

```
let predicate = NSPredicate(
    format: "(SUBQUERY(%K, $x, $x.%K >= %lu).@count == 0)",
    City.Keys.residents.rawValue, Person.Keys.age.rawValue, 36)
```

这段代码的结果等价于下面这个 SQL 语句：

```
SUBQUERY(residents, $x, $x.age >= 36).@count == 0
```

第一个参数 residents 是关系的名称，我们要检测这个关系所包含的元素。第二个参数 $x 是我们使用的变量。最后第三个部分，$x.age >= 36，将被用来确定元素是否应该被包括在返回结果中。这个谓词中的 $x 代表了 City 里的一个居民，它是一个 Person 对象。

然后我们获取符合条件的居民的数量并检查它是否是 0。最终这个谓词会返回那些所有居民年龄都小于 36 岁的城市——不过其中也包括了那些没有任何居民的城市。

除此之外，我们也可以用下面这种方式来表达同样的逻辑：

```
SUBQUERY(residents, $x, $x.age < 36).@count == residents.@count
```

子查询的另外一个用例是通过一个关系来匹配多个属性。比如我们想要找出一些城市，这些城市必须至少有这样一个居民：他小于 25 岁并且拥有两辆车。那么我们可以这样做：

```
SUBQUERY(residents, $x, $x.age < 25 AND $x.carsOwnedCount == 2).@count != 0
ANY resident.age < 25 && ANY resident.carsOwnedCount == 2
```

上面这个语句会匹配到居民中有既小于 25 岁又拥有两辆车的人的所有城市。满足这两个条件的居民人数可以是 1，也可以是多个。

10.6 匹配对象和对象 ID

谓词有一个很强大的特性，就是能够直接匹配对象。我们可以使用对象本身或者对象的 ID 来匹配。

直接匹配一个对象，这看起来有点奇怪。但是当我们执行一个匹配对象的获取请求时，会导致 Core Data 从文件系统中重新导入这个对象并且更新行缓存，我们以此来确保这个对象不是一个惰值：

```
let request = NSFetchRequest(entityName: Person.entityName)
request.predicate = NSPredicate(format: "self == %@", person)
request.returnsObjectsAsFaults = false
try! moc.executeFetchRequest(request)
```

为了能够完全理解上面这段代码所带来的结果,请阅读本书的第 6 章。

我们可以使用同样的方法来匹配多个相同类型的对象,只要使用 IN 这个操作符并传入一个对象数组或者集合就行:

```
let predicate = NSPredicate(format: "self IN %@", somePeople)
```

上面这两种情况都允许我们传入对象的 ID 或是对象本身。不管传入哪个,Core Data 都会将谓词转换成 SQL 语句,它会通过主键来匹配传入的对象。

我们也可以在遍历关系时使用对象来匹配。假如我们有一个 **Person** 的对象,我们可以使用这个对象来匹配这个人游览过的那些 **City** 对象,就像这样:

```
let predicate = NSPredicate(format: "%K CONTAINS %@",
    City.Keys.visitors.rawValue, person)
```

但是这么做其实并没有太大的意义,因为我们有下面这种更好的方法,就是直接遍历 citiesVisited 这个关系,它是从 **Person** 指向 **City** 的关系:

```
let predicate = NSPredicate(format: "%K CONTAINS %@ AND %K.@count >= 3",
    City.Keys.visitors.rawValue, person, City.Keys.visitors.rawValue)
```

10.7 匹配字符串

说到匹配字符串,那么情况就变得复杂了。虽然 Core Data 能够很好地支持绝大多数类型的字符的匹配和比较,但是实际总是会出现不尽如人意的地方。这是因为字符串本身就是很复杂的,复杂到我们花了整整一个章节来解释它。请确保你已经阅读了本书的第 11 章,并且理解你的应用到底需要支持什么,以及在哪些特别的情况下可以不用太在意字符串所带来的复杂性。

通常来说存在以下两种不同的文本:一种是那些**用户可见**的文本,还有一种是那些只会被计算机所解释或执行的文本。如果你想要查找或是比较那些用户可见的文本,那么第 11 章会告诉你最恰当的方法。

至于那些用户不可见的文本 (不管是那些被用于应用和后端服务器之间通信的内部标识字符，还是那些基于字符串的键)，我们会列出一些你可能需要特别注意的地方。因为这些字符串都是 ASCII 编码的，所以理解它们要容易得多。

一个关键的知识点是，为了能够让 Core Data 知道字符串是 ASCII 编码的，我们必须要在比较操作符之后使用 [n] 这个字符串选项。这里的 n 是 normalized (标准化) 这个单词的缩写。

在本章的 playground[1] 里专门有一部分是关于字符串的，它展示了如何使用字符串匹配。其中有一个 **Country** 的实体，这个实体有一个属性叫 alpha3Code，它表示一个国家的 ISO 3166-1 alpha-3[2] 编码。

我们可以像下面这样使用 ==[n] 来匹配一个特定的国家：

```
let predicate = NSPredicate(format: "%K ==[n] %@",
    Country.Keys.alpha3Code.rawValue, "ZAF")
```

如果我们在传入的那个属性上添加过索引，那么上面这种查询方法就会变得非常高效。它的性能甚至可以和查询一个拥有索引的整型类型属性相媲美。

同样地，我们可以用 BEGINSWITH[n]、ENDSWITH[n] 和 CONTAINS[n] 这三个操作符来查找匹配拥有某个特定的前缀、后缀或者包含某个特定字符串的那些字符串。

```
let predicate = NSPredicate(format: "%K BEGINSWITH[n] %@",
    Country.Keys.alpha3Code.rawValue, "CA")

let predicate = NSPredicate(format: "%K ENDSWITH[n] %@",
    Country.Keys.alpha3Code.rawValue, "K")

let predicate = NSPredicate(format: "%K CONTAINS[n] %@",
    Country.Keys.alpha3Code.rawValue, "IN")
```

LIKE[n] 和 MATCHES[n] 这两个操作符可以用来实现更复杂的查询，但是相对来说，如果一个数据库中有较多的记录，那么这使用这两个操作符也会带来昂贵的开销：

```
let predicate = NSPredicate(format: "%K LIKE[n] %@",
    Country.Keys.alpha3Code.rawValue, "?A?")
```

---

[1] *https://github.com/objcio/core-data*
[2] *https://en.wikipedia.org/wiki/ISO_3166-1_alpha-3*

```
let predicate = NSPredicate(format: "%K MATCHES[n] %@",
    Country.Keys.alpha3Code.rawValue, "[AB][FLH](.)")
```

最后，可以用 IN[n] 操作符来匹配那些包含在给定字符串数组中的字符串属性：

```
let predicate = NSPredicate(format: "%K IN[n] %@",
    Country.Keys.alpha3Code.rawValue, ["FRA", "FIN", "ISL"])
```

字符串和索引

[n] 这个字符选项会告诉 Core Data 可以通过比较每一个字节来比较字符串。因此，如果在传入的属性上启用了索引，那么 SQLite 就可以直接使用这个索引。我们第 6 章和第 13 章这两个章里详细讲解了如何权衡索引的利弊，以及如何衡量添加一个索引所带来的性能变化。

==[n]、BEGINSWITH[n] 和 IN[n] 这三个谓词操作符都能够使用属性上的索引。因此，只要属性带有索引，不论数据集的大小这三个操作符的性能都非常不错。

另一方面，ENDSWITH[n]、CONTAINS[n]、LIKE[n] 和 MATCHES[n] 这几个操作符就无法从索引上获得收益。事实上，对于每一个要查询的值，它们需要依靠 SQLite 来扫描一整张数据表。这样做的结果是，在大型的数据集上执行这些操作就有可能会带来非常大的开销。

因此，我们应该尽可能的使用 ==[n]、BEGINSWITH[n], 和 IN[n] 这三个操作符。

10.8 可转换的值

当我们在 Core Data 里使用可转换的属性时，可以在属性键上直接使用谓词。

在本章的 playground 中，City 这个实体有一个属性叫 remoteIdentifier，它是一个可选类型的 NSUUID。为了将这个属性定义成一个可转换的属性，我们使用了一个自定义的 NSValueTransformer，它会将这个属性在 NSUUID 和二进制数据之间进行转换。

当我们创建一个谓词来匹配特定的 remoteIdentifier 时，可以传入一个 NSUUID 对象。然后 Core Data 会将这个对象转换为二进制数据并且创建相应的 SQLite 查询语句：

```
let identifier: NSUUID = allRemoteIdentifiers.first!
let predicate = NSPredicate(format: "%K == %@",
    City.Keys.remoteIdentifier.rawValue, identifier)
```

你甚至可以使用 <、> 这些不等操作符来比较可转换的值。不过至于比较的结果是否正确，那要取决于具体传入的值以及这些值被转换成二进制数据的方式。最终的大小结果会和在二进制数据上执行 memcmp(3)[1] 的结果一致。

10.9 性能和排序表达式

我们在第 6 章里解释了为什么执行获取请求是一种昂贵的操作：因为执行获取请求 (通过 API 约定) 总是要查询 SQLite 以及文件系统中的数据。一旦你的数据集很大，那些使用了谓词的获取请求的性能就会受到两方面的影响，一个是谓词的构建方式，还有一个是是否存在索引。可以阅读第 13 章来了解更多细节，比如如何使用 EXPLAIN QUERY PLAN 这个命令来分析以及调试获取请求的性能。

在构建复杂谓词的时候，可以先执行那些简单且 (或) 高性能的部分，然后再添加复杂的部分。例如有这么一个谓词，它需要同时检查 age 和 carsOwnedCount 这两个属性，但是我们知道只有 age 属性上有一个索引，那么我们可以将检查 age 的这一部分优先放入谓词中：

```
let predicate = NSPredicate(format: "%K > %ld && %K == %ld",
    Person.Keys.age.rawValue, 32,
    Person.Keys.carsOwnedCount.rawValue, 2)
```

同样地，我们应该将最能限制数据集大小的那一部分优先放入谓词。比如我们想要找出这样一些 **Person**，他们的 hidden 属性值为 true 并且年龄大于 30 岁。可能在应用中只有很少的人其 hidden 属性值为 true 但是年龄大于 30 岁这个条件却能匹配到大多数的人。在这样的情况下，我们应该将检查 hidden 属性的部分优先放入谓词，这样一来在我们检查年龄大于 30 岁这个条件之前可以最大限度地限制数据集大小，就像这样：

```
let predicate = NSPredicate(format: "%K == YES && %K > %ld",
    Person.Keys.hidden.rawValue,
    Person.Keys.age.rawValue, 30)
```

通常来说，创建合适的索引会是提高性能最好的方法。不过创建索引并不是免费的。请确保你已经阅读第 6 章里关于索引的部分以及第 13 章。这些章节的内容详细讲解了一个知识点，那就是如果想要提升性能，那么唯一正确的方法就是在改动前和改动后衡量性能表现并且比较前后结果。

---

[1] https://developer.apple.com/library/prerelease/ios/documentation/System/Conceptual/ManPages_iPhoneOS/man3/memcmp.3.html

10.10 总结

谓词简洁地描述了在一个数据集合中满足我们要求的子集。在使用时有相当大的灵活性。

在本章的内容中,我们展示了如何避免硬编码属性名,以及如何将多个谓词合并成一个复合谓词来确保谓词不重复。我们还讨论了如何遍历"对一"和"对多"的关系,以及如何通过遍历关系,尤其是使用子查询来实现强大的搜索。最后,我们适当涉及了字符串匹配方面的内容。对于那些用户可见的文本,我们推荐阅读第 11 章来了解更多的内容。而对于那些用户不可见的文本 (比如键、代码等),我们也展示了不少可行的方法。

第 11 章 文本

在 Core Data 中存储字符串是直截了当的。但是从另一方面来说，字符串的搜索和排序却是非常复杂的。由于 Unicode 和自然语言的复杂性，所以两个字符串相等并不一定意味着它们所对应的字节也相等。同样地，要搞清楚两个字符串中哪个字符串排在前面也是一个很复杂的问题；这很大程度上取决于当前的语言区域 (locale)。

11.1 一些例子

处理文本是很困难的，本章并不会广泛地讨论 Unicode 方面的内容。对于 Unicode，有很多不错的资源值得你去阅读和学习。推荐你从 objc.io 上的这篇讲 Unicode 的文章[1]开始，同时 Unicode 协会[2]的主页也是一个很好的资源，在那里你能了解更多 Unicode 的那些错综复杂的细节。但是，在本章中，我们只会通过几个例子来简单地说明 Unicode 方面的内容。

我们假设在 City 这个实体上有一个属性叫 name，并且在我们的应用中，用户可以通过名字来搜索一个城市。

法国的第 14 大城市叫 *Saint-Étienne*。当用户在搜索框中输入 Saint-Étienne 时，我们希望使用搜索谓词来匹配这个城市。但是有一个问题，字母 "É" 在 Unicode 中有两种表示方式：一种是由单个 Unicode U+00C9 (**E 带个重音符号**) 来表示的，另一种是由 U+0301 和 U+0045 这两个 Unicode 组成的 (前者是一个**重音符号**，后者是英文字母 E)。从用户的角度来说，这两个表示是一模一样的。另外，用户可能希望即使输入的城市名是小写的，也还是能正确搜索到这个城市。甚至即使搜索 Saint Etienne 这个字符串，也还是能正确匹配到这个城市。但是问题就是，这些字符串所对应的字节是完全不同的。虽然用户可能会觉得它们是相同的，但是如果只是进行简单的比较，那么这几个字符串是不可能相同的。

---

[1] *http://objccn.io/issue-9-1*
[2] *http://www.unicode.org*

在某些语言区域设置下，当在搜索框中输入 Århus 时，用户希望能够搜索到 Aarhus 这个丹麦城市。Å 这个字母既可以用 U+00C5 (**A 字母上面加一个圆圈**) 这个 Unicode 表示，也可以通过 U+030A (**字母上面的圆圈**) 和 U+0041 (**字母 A**) 组合起来表示。同时，在非拉丁语的文字中，我们要确认一下是否需要匹配那些相应的拉丁文字。比如用户是否能够通过输入 "Xi'an" 来匹配作为中文文字字符串存储的中国城市"西安"？这里的 ' (U+0027) 应当如何处理？还有当用户输入 ' (U+2019) 时是否能够等效于这个 ' (U+0027) 符号？

这些问题的答案与使用的领域是高度相关的。想要解决所有这些问题是非常复杂的，所以我们必须要根据手头上的具体问题来确定到底哪个需要解决，哪个不需要解决。可能对于我们的应用来说需要让 saint-etienne 能够匹配 Saint-Étienne，但是 Århus 是否能够匹配 Aarhus 就完全不重要。

当排序的时候也会发生类似的问题。哪怕只是拉丁语文字，事情也要比乍看之下更复杂。当我们把字母单独拿出来时，很明显 B 要排在 A 之后。但是如果是一个完整的单词那情况可能就不一样了。排序的顺序取决于用户的区域设置，也就是用户的操作系统所设置的语言。

仅仅在德国，"ö" 这个字母就有两种排序顺序：它既等于 "o" 也等于 "oe"。所以在德语中，*Köln* 会排在 *Kyllburg* 前面 (因为 o 排在 y 前面)。但是在瑞典语中，字母 "ö" 排在所有其他英文字母之后，所以 *Sundsvall* 排在 *Södertälje* 之前。

一个丹麦的用户会认为 *Viborg*、*Ølstykke-Stenløse* 和 *Aarhus* 这三个城市的排序顺序是正确的。这是因为字母 "Ø" 排在字母 "Z" 之后，然后两个 "A" 在一起从语义上来讲等价于字母 "Å"，这个字母在丹麦语字母表中排在最后。

当不同字母混合起来时，"Москва" 这个单词是应该排在所有字母都是拉丁文的单词之前还是之后？或者是混合到拉丁文单词之中，比如 "Москва" 排在 "Madrid" 之后？

对于这几个问题还是同样的答案，一切取决于应用域，也就是你的应用需要解决怎样的问题。

在编程时同样需要特别注意的是，在某些情况下我们所使用的字符串并不是用户可见的。如果某个字符串是一个用户不可见的标识符或者键，那么我们可能就不希望 art 能够匹配 Art。

11.2 搜索

如果我们需要搜索的实体数量非常小，那么我们完全可以利用 `NSPredicate` 的优势来进行字符串比较，它会直接忽略字母的大小写和各种变音符号。

```
let predicate = NSPredicate(format: "%K BEGINSWITH[cd] %@",
    City.nameKey, searchTerm)
```

BEGINSWITH 这个操作符会匹配那些以搜索词语为开头的值。[cd] 这个修饰符表示搜索是大小写不敏感的并且会忽略像是重音和变音这样的符号。这就保证了 saint-etienne 这个搜索词能够匹配到 Saint-Étienne。

但是，当数据库里有很多条记录的时候，上面这种匹配方式就会变得非常昂贵。这种使用 BEGINSWITH[cd] 来忽略字母大小写和符号的搜索方式是一种非常复杂的 Unicode 操作，它是由 NSString 类进行实现的。因为 SQLite 本身并不支持这样的搜索方式，所以只能将数据库里的每一条记录读取并传递给 Core Data 来进行比较操作。假如数据库里总共有 12812 条记录，那么这 12812 个名字都会被一一从文件系统中读取出来并传递给 Core Data。

并且由于比较操作必须在某个方法里实现，所以 SQLite 无法通过使用索引来使这个操作获得速度上的提升。在第 6 章里解释了为什么在一个大型的数据集中，在属性上添加索引能够提升搜索的效率。但是如果我们使用了 BEGINSWITH[cd]，那么这样的性能提升就不可能实现了。

字符串标准化

为了能够在大型数据集中进行高效的搜索，我们需要标准化那些我们想要搜索的字符串属性。我们将对 City 这个实体的数据模型稍作修改，让它同时拥有 name 和 name_normalized 这两个属性。在 City 这个类里，我们只会暴露 name 这个属性。但是我们会添加相应的逻辑使得更新 name 时 name_normalized 属性也同样会得到更新，具体代码如下：

```
final public class City : NSManagedObject {
    public static let nameKey = "name"
    public static let normalizedNameKey = "name_normalized"
    @NSManaged private var primitiveName: String
    public var name: String {
        set {
            willChangeValueForKey(City.nameKey)
            primitiveName = newValue
            updateNormalizedName(newValue)
            didChangeValueForKey(City.nameKey)
        }
        get {
```

```
            willAccessValueForKey(City.nameKey)
            let value = primitiveName
            didAccessValueForKey(City.nameKey)
            return value
        }
    }
    private func updateNormalizedName(name: String) {
        setValue(name.normalizedForSearch, forKey: City.normalizedNameKey)
    }
}

extension String {
    public var normalizedForSearch: String {
        return self // 这里写标准化的逻辑
    }
}
```

我们声明了 normalizedForSearch 这个扩展来进行字符串标准化处理 (稍后我们会来具体实现这个扩展)。在 City 这个类中，我们添加了 primitiveName 这个属性，这是一个只能在本文件内部访问的私有属性。然后我们会通过 primitiveName 来**手动**实现 name 这个属性。请注意 primitiveName 前面添加了 @NSManaged 这个标识符，这表明 Core Data 会动态地实现它。但是 name 属性去掉了 @NSManaged，因为我们会通过代码来实现它。name 属性的具体实现代码基本上和 Core Data 动态添加的实现方式一样，不过其中添加了对 updateNormalizedName(_:) 这个方法的调用。该方法会设置标准化名字 (name_normalized) 的值。最终我们会暴露 normalizedNameKey 这个键，这样其他的代码就可以基于它构建谓词。

上面这个示例中有不少代码，但是值得注意的是几乎所有的代码都是私有的。对于外部来说，只有一个**标准的** name 属性以及新添加的那个被用于搜索的 City.normalizedNameKey。

为了实现字符串标准化，可以看一下 Foundation 框架中关于 Unicode 转换部分的 API。在下面这个例子中，我们仅仅使用了一个方法就将字符串全部改成小写，去掉所有的符号，并且使用 Unicode 的标准转换方式将非拉丁文字转换成拉丁文字:

```
extension String {
    public var normalizedForSearch: String {
        let transformed = stringByApplyingTransform(
```

```
            "Any-Latin; Latin-ASCII; Lower", reverse: false)
        return transformed as String? ?? ""
    }
}
```

通过这个转换方法,"saint-étienne"和"Saint-Etienne"都能够匹配到"Saint-Étienne"。由于我们同时规范化了数据库中的值以及搜索用的字符串,所以使用俄语的"Москва"搜索能够正确找到"Москва"这个城市(莫斯科)。

虽然 NSString 的 stringByApplyingTransform 方法是从 iOS 9 和 OS X 10.11 后才加入的,但是相应的功能其实早就存在了。如果你需要针对更早的系统版本,你可以使用 Core Foundation 框架中等价的 CFStringTransform API。系统内置的标准 Unicode 转换方法是非常强大的,而且在绝大多数情况下比你自己写的转化方法要好。但是这种标准的转换方式对于你的应用来说是否真的合适,还是要根据具体的应用域来决定。如果你想要了解更多关于 Unicode 转换的知识,那么可以查看 ICU 用户手册[1]。

在某些情况下,我们可能需要从标准化字符串中删除那些非字母的字符。可以使用下面这个转换来达到目的:

Any-Latin; Latin-ASCII; Lower; [:^Letter:] Remove

使用上面这个代码后,"saint etienne"就能够匹配到"Saint-Étienne",因为它们都能够被转换成"saintetienne"。

高效搜索

由于我们已经在数据库中存入了标准化字符串,所以我们可以使用下面这种高效的谓词来进行搜索:

```
let predicate = NSPredicate(format: "%K BEGINSWITH[n] %@",
    City.normalizedNameKey, searchTerm.normalizedForSearch)
```

在 BEGINSWITH 操作符后面加上 [n] 标识符,相当于告诉 Core Data 这个谓词的参数已经被标准化了,因此可以在 SQLite 中逐个比较字节。这样一来就没有必要将数据库中所有的记录取出来再做开销昂贵的 Unicode 比较了。注意我们是将标准化城市名的键 (City.normalizedNameKey) 作为参数传入这个谓词,并且将搜索词也进行了标准化处理。

---

[1] http://userguide.icu-project.org/transforms

举一个例子，如果用户想要搜索"Béziers"，那么最终的谓词看起来应该是这样的：

name_normalized BEGINSWITH[n] "beziers"

因为标准化字符串的比较可以直接在 SQLite 中进行，所以我们可以通过在 name_normalized 这个属性上添加索引来继续提升搜索的执行速度。如果我们没有进行标准化，那这样的速度提升是不可能实现的。

使用上面这个方法，在一个含有差不多 4000 个城市的列表中进行搜索，比起使用原始的那些方法，整个执行速度差不多可以提升 10~15 倍。而且数据集越大，这样的速度提升就越明显。

11.3 排序

在某些情况下，我们需要通过对象的某个字符串属性来排序一个对象集合。比如我们可能想要显示一个使用了姓名排序的联系人列表。在这样的情况下，我们需要使用一种 Unicode 敏感并且能够针对不同语言区域的排序方式。

Foundation 框架能够根据 Unicode 排序规则来排序字符串，同时又能够遵从当前应用的语言区域设置。但是这种排序是一种昂贵的操作，并且必须在内存中执行；因此 SQLite 无法帮助我们提升性能。你可以通过阅读 Unicode 技术标准 #10[1] 这个文档来了解那些排序字符串时的复杂性。

由于这些复杂性的存在，充分了解数据集有多大以及其中的数据是否会经常更改就显得格外重要。因为这两个条件会直接影响到我们最终应该要采取哪种排序方式：对于数据量较小且很少更改的数据集，我们可以选择那些相对简单的排序方法。但是如果数据集很大或者数据更改很频繁，那么我们可能就需要采取些额外的步骤来确保排序的性能。接下来我们会介绍一些具体的解决方法，但是到底哪一种方法最合适完全取决于应用的具体需求和应用的领域。

一种简单的方法

当使用一个获取请求从 Core Data 中获取对象时，我们需要在获取请求上添加一个 NSSortDescriptor，从而让 SQLite 来帮我们实现排序。我们可能希望找到一种既简单又高效的字符串排序方法，但是遗憾的是这样的方法并不存在。

---

[1] *http://www.unicode.org/reports/tr10/*

一种最简单的方法看起来差不多是这样的：

```
let sd = NSSortDescriptor(key: City.nameKey, ascending: true)
request.sortDescriptors = [sd]
```

这个方法会根据字符串编码(很有可能是 UTF-8 编码)的字节值来排序。但是如果应用面向的是国际用户的话，这个方法可能就不正确了。

如果只需要处理少数的对象的话，我们可以直接在内存中进行排序。比如我们的应用中要是最多可能只会有 100 个城市，那么我们可以在应用运行的过程中，将这些城市始终保存在内存中。(我们已经在小数据集这一部分中提到了这个策略。)如此一来，我们就可以简单地给这些城市进行排序，就像这样：

```
cities.sortInPlace { (cityA, cityB) -> Bool in
    cityA.name.localizedStandardCompare(cityB.name) == .OrderedAscending
}
```

这个排序方式非常昂贵。因为字符串的比较需要考虑到不同语言区域的那些语言习惯。如果在一台拥有 2.7 GHz Intel Core i7 的 MacBook Pro 上对大约 4,000 个城市进行排序大致需要 300 毫秒，也就是差不多三分之一秒。

如果每次访问这个城市集合的时候都重新进行排序，那么排序的时间可能会超过我们所能负担的极限。因此我们自然会想到这样一个优化方法，那就是将排序完的城市列表保存在内存中。这样做可以消除性能上的瓶颈，但是也会带来一个问题——我们必须自己来将这个已排序列表中的数据和持久化存储中的数据保持同步。接下来我们会对在应用启动后如何将这个已排序数组保存在内存中并和持久化存储同步这一课题稍作研究。

更新一个已排序的数组

如果我们更改了这个城市数组，或是更改了某个城市的名字，那么我们需要重新排序这个数组。首先，我们要检测是否有城市被插入或者更改了。这可以通过监听 `NSManagedObjectContextObjectsDidChangeNotification` 通知来实现。同时，因为别的框架也有可能会使用 Core Data，我们还需要检测这个通知所对应的上下文是否是和排序相关的。在确认上下文后，我们可以来看下上下文中那些被插入和修改的对象。如果有新的 `City` 对象被插入，那么就需要重新排序。同样地，如果有任何 `City` 对象的 `name` 属性被更改了，我们也需要重新排序。

对于通知中的那些被插入的对象(通过 NSInsertedObjectsKey 来获取),我们可以通过检测对象的实体来进行筛选,来确认是否有 City 对象被插入。同样地,我们也需要从通知中筛选出那些被更新的城市对象(通过 NSRefreshedObjectsKey 来获取),它们很有可能就是那些在另一个上下文中被更改的对象。一旦我们将这个通知合并到当前的上下文中,这些对象就会被更新。最后,我们需要检测这些被更改的对象中是否有城市对象并且这些城市的 name 属性被更改了,具体代码如下:

```swift
guard let moc = note.object as? NSManagedObjectContext
    else { fatalError("No context?") }

let hasInsertedOrRefreshedCities = { () -> Bool in
    let refreshed = note.userInfo?[NSRefreshedObjectsKey]
        as? Set<NSManagedObject>
    let inserted = note.userInfo?[NSInsertedObjectsKey]
        as? Set<NSManagedObject>
    func setContainsCity(set: Set<NSManagedObject>?) -> Bool {
        if let set = set {
            guard let cityEntity = moc.persistentStoreCoordinator?
                .managedObjectModel.entitiesByName["City"]
                else { fatalError("Must have entity") }
            for mo in set {
                if mo.entity === cityEntity {
                    return true
                }
            }
        }
        return false
    }
    return setContainsCity(refreshed) || setContainsCity(inserted)
}()

let hasCitiesWithUpdatedName = { () -> Bool in
    guard let updated = note.userInfo?[NSUpdatedObjectsKey]
        as? Set<NSManagedObject>
        else { return false }
    guard let cityEntity = moc.persistentStoreCoordinator?
```

```
            .managedObjectModel.entitiesByName["City"]
        else { fatalError("Must have entity") }
    for mo in updated {
        if mo.entity === cityEntity {
            if let _ = mo.changedValuesForCurrentEvent()[City.nameKey] {
                return true
            }
        }
    }
    return false
}()
```

// 在这里将 'moc' 上下文中的已排序城市的缓存进行无效化处理。

虽然这段代码比较长，但是它使得我们能够在维护那些内存中已排序的城市对象的同时，保证当更改发生时这些对象能得到同步更新。

我们可以利用 NSArray 的一些内置的特性来提升性能，从而在插入和更新对象之后能够更快地更新内存中的缓存。在一个已排序的数组中，我们可以使用二分法查找 (binary search) 来找到那个正确的索引，然后在这个索引处插入新的对象。比起重新排序整个数组，这个方法执行起来要快得多。NSArray 的 indexOfObject(_:inSortedRange:options:usingComparator:) 这个方法的内部实现就是使用的二分法查找算法。

同样地，当数组中的一个或某些对象被更改后，我们需要重新排序整个数组，我们可以通过使用一个暗示对象 (hint object) 来记录上一次排序的结果从而提升性能，下面是具体代码：

```
class CitiesSortedByName {
    var hint: NSData?
    var sortedCities: NSArray?

    let comparator: NSComparator = { cityA, cityB in
        guard let cityA = cityA as? City
            else { fatalError("Object is not a 'City'") }
        guard let cityB = cityB as? City
            else { fatalError("Object is not a 'City'") }
        return cityA.name.localizedStandardCompare(cityB.name)
    }
```

```swift
    typealias CComparator =
        @convention(c) (AnyObject, AnyObject, UnsafeMutablePointer<Void>) -> Int
    let cComparator: CComparator = { (cityA, cityB, _) in
        guard let cityA = cityA as? City
            else { fatalError("Object is not a 'City'") }
        guard let cityB = cityB as? City
            else { fatalError("Object is not a 'City'") }
        let r = cityA.name.localizedStandardCompare(cityB.name)
        return r.rawValue
    }

    func didInsertCities(inserted: Set<City>) {
        guard let sorted = sortedCities else { return }
        let mutableSorted = NSMutableArray(array: sorted)
        for city in inserted {
            let range = NSMakeRange(0, mutableSorted.count)
            let index = mutableSorted.indexOfObject(city, inSortedRange: range,
                options: .InsertionIndex, usingComparator: comparator)
            mutableSorted.insertObject(city, atIndex: index)
        }
        sortedCities = mutableSorted
    }

    func didChangeCityNames() {
        guard let oldArray = sortedCities else { return }
        if let hint = hint {
            sortedCities = oldArray.sortedArrayUsingFunction(cComparator,
                context: nil, hint: hint)
        } else {
            sortedCities = oldArray.sortedArrayUsingFunction(cComparator,
                context: nil)
        }
        hint = sortedCities!.sortedArrayHint
    }
}
```

持久化一个已排序的数组

由于针对本地化字符串的排序操作相对来说比较昂贵，所以直接将已排序的数组持久化可能是一个更好的选择。但是值得事先指出的是，数组中元素的排序顺序在不同版本的 Foundation 框架下，并不能保证是完全一致的。而且如果用户更改了系统的语言区域，那么我们还是得重新排序这个数组。

如果在我们的应用中持久化了一个本地化字符串数组，那么在应用每次启动时，我们必须检查当前 NSFoundationVersionNumber 的值是否和上次排序这个数组时一样。同样地，我们也必须要检查当前的 NSLocale.currentLocale() 中 NSLocaleCollatorIdentifier 的值是否发生了改变：

```
extension NSLocale {
    static var currentCollatorIdentifier: String? {
        return currentLocale().objectForKey(NSLocaleCollatorIdentifier)
            as? String
    }
}
```

想要持久化一个已排序的数组最简单的方法是，创建拥有有序的对多 (ordered to-many) 关系的所有者实体 (owner entity)，这个关系指向的就是我们想要排序的实体。因此在我们的示例中需要创建一个**已排序的城市所有者** (SortedCityOwner) 实体，这个实体包含了一个指向城市的有序对多关系。不过这样一来，由于需要保证这个关系两头的数据始终是最新的，城市的插入和更改操作就会变得更昂贵。但是在应用启动后获取一个已排序的城市数组就变得非常快了。这是一个经典的权衡，我们需要在获取数据的开销和插入或更新数据的开销之间做出取舍。

如果我们使用了一个有序的对多关系，那么在之前那个用来追踪更改的逻辑中就可以忽略那些被更新的对象。因为如果某个上下文将更改合并到了另一个上下文，那么这个新近被排序的关系也同样会被合并。

SortedCityOwner 是一个伪单例 (每个上下文中有一个)。在第 6 章中介绍了类似单例的对象，其中描述了如何高效地使用这些伪单例。上面提到的那个 CitiesSortedByName 类中就需要添加一些逻辑来更新这个伪单例中的对象的顺序。

11.4 总结

在这一章里,我们了解了关于比较和排序字符串的知识。对于这两个问题通常来说没有一个简单的通用解决方法,但是针对应用的具体需求,我们可以在复杂性和功能性之间找到一个折中的方法。

接着,我们展示了如何用相对简单的方法给字符串属性添加一个标准化版本,以及这么做是如何提升在搜索非 ASCII 编码的字符串时的性能的。

另一方面来讲,字符串排序是一个非常重要的问题。我们首先展示了如何在小型数据集中使用简单的方法来排序。然后,对于大型的数据集和更改频繁的数据集,我们也展示了如何通过将已排序的数组保存在内存中或是文件系统中来减少排序操作的开销。

重点

- 对于用户可以搜索的文本,总是将这些字符串进行标准化。
- 只在标准化字符串属性上添加索引。
- 在比较标准化字符串时要使用 [n] 这个标识符。
- 对用户可见的字符串进行排序是一种非常昂贵的操作。

第 12 章　数据模型版本以及迁移数据

在第 2 章里我们已经提到过，当通过一个数据模型打开 SQLite 存储文件时，如果这个数据模型无法匹配数据库中的数据，那么就会导致程序崩溃。因此我们引入了数据模型版本和数据迁移这两个概念。随着应用的不断更新以及新功能的添加，数据模型必须适应那些新的需求，比如添加新的属性等。我们不能直接在当前数据模型上做更改，而是必须创建新的数据模型版本，然后将现有的数据从旧的数据模型迁移到新的数据模型上。在这一章里，我们会来讲解更改数据模型版本和数据迁移具体是如何运作的。

我们在 GitHub[1] 上为这一章创建了一个独立的示例项目，其中我们在 Moody 这个数据模型上进行了一系列的数据迁移，以此来展示不同的数据迁移技术。这个项目包含了一个测试 target[2]，它会将迁移结果和硬编码的测试用例进行比较，从而来测试那些对预先填充好的数据进行迁移时的正确性。我们会在后面进一步介绍如何建立这些测试。

在深入数据迁移这个话题之前，建议你仔细考虑一下是否真的需要进行数据迁移操作。因为数据迁移不仅会给你的应用添加额外的复杂性，还会给你带来更多的维护工作。举一个你不需要做数据迁移的例子，如果你仅仅使用 Core Data 来作为服务器端数据的本地离线缓存，那么你可以直接删除本地数据，然后创建一个全新的持久化存储，再从服务器上获取你需要的数据并将它们存入这个新建的持久化存储。很显然，在很多情况下你**确实**需要做数据迁移，但是在你做决定之前，我们还是建议你先思考一下是否真的需要做数据迁移。

12.1　数据模型版本

直到现在为止，我们只使用了单一的数据模型版本。尽管在应用的开发过程中我们频繁地更改数据模型，但是我们从来没有被模型版本所困扰，这是因为在应用开发的初期，我们可以简单地删除旧的数据库然后创建一个全新的数据库。一旦我们需要在应用发布之后再

---

[1] *https://github.com/objcio/core-data/blob/master/Migrations*
[2] *https://github.com/objcio/core-data/blob/master/Migrations/MigrationTests*

更改数据模型，就不可能再用这么无脑的方法了。取而代之，我们必须创建一个新的数据模型版本。

要给你的数据模型创建一个新版本，你需要在 Xcode 中打开 `.xcdatamodel` 文件，然后在顶部菜单栏里选择 `Editor > Add Model Version...`。接着会要求你为这个新的版本输入一个名字，并且选择一个数据模型作为这个新版本的基础版本。当你的数据模型文件拥有了多个版本之后，你就可以像图 12.1 那样在 Xcode 中的文件检查器 (file inspector) 中选择其中一个作为当前版本。

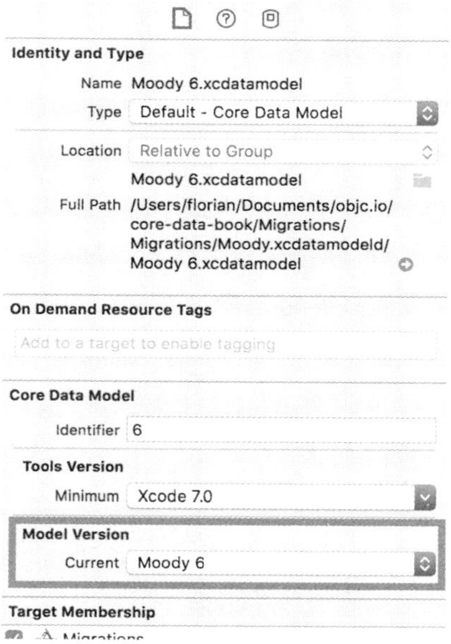

图 12.1　在文件检查器中选择当前的数据模型版本

其实 Core Data 的数据模型文件 (`.xcdatamodeld`) 就是一个包 (package)，在它内部还可以继续包含多个表示不同数据模型版本的 `.xcdatamodel` 包。当编译应用时，数据模型会被编译到一个 `.momd` 包中去，在其中每一个数据模型版本有一个对应的 `.mom` 文件，当前数据模型版本还会有一个变种的优化 (`.omo`) 文件。在数据迁移的过程中，我们可以从这个包中加载之前任意一个版本的数据模型，如图 12.2 所示。

除 `.mom` 和 `.omo` 这两个文件外，`.momd` 包还包含一个 `VersionInfo.plist` 文件。在这个文件中不仅指定了当前的数据模型版本，同时还包含了所有数据模型版本中的所有实体的哈希 (hash) 值。这些哈希值是从所有那些影响该实体在 SQLite 中存储方式的属性中计算出来的。当你首次创建一个 SQLite 数据库时，Core Data 会将这些哈希值保存到 SQLite 文件中。在这之后每一次加载这个数据库时，Core Data 就会通过这些哈希值来确定是否可以用某个特定的数据模型版本来打开当前的数据库文件。

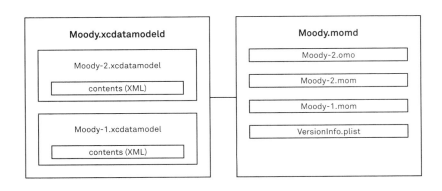

图 12.2　托管对象模型的原始版本及编译后的版本

在文件检查器中，你可以给每个数据模型版本取个唯一的名字并设置一个标识符，但是归根结底来说，这些信息只能为你自己所用。因为 Core Data 是依赖于版本哈希值来确定一个数据库文件是否能够兼容某个托管对象模型的。

不过，使用哈希值来判断的后果就是，某些时候我们需要给 Core Data 一些额外的暗示来让其选择一个新的数据模型版本。如果数据模型上的更改并没有影响 SQLite 数据库的结构，那么这个更改就不会在版本哈希值上体现出来，Core Data 就可能认为这个数据库和当前的模型能够兼容，但是事实上这两者是不兼容的。

举一个例子，当我们更改了某个实体的类名或它的某个二进制数据属性的内部格式时，我们必须为这个实体或是这个二进制数据属性指定一个唯一的**哈希修饰符** (hash modifier)。然后 Core Data 就会将这个修饰符加入到版本哈希值的计算过程中去。这样一来尽管我们并没有对数据库结构做出更改，但还是可以创建一个和旧版本不兼容的新版本，如图 12.3 所示。

如果你对数据模型做了结构性的更改，那么你可以简单地将哈希修饰符这个值留空。

12.2　数据迁移的过程

当定义了一个新的数据模型版本时，你需要思考一下如何将数据从旧的数据模型迁移到新的模型上。在 Core Data 中**数据迁移**是这样的：它会将数据从一个 SQLite 数据库移动到另一个数据库，这两个数据库使用的是不同的数据模型。

具体如何将旧的数据模型映射到新的数据模型是由这两个数据模型版本的**映射模型** (mapping model) 来决定的。这个映射模型描述了哪些实体或者属性需要被复制，哪些需要被重命名，以及哪些需要被转换等。

图 12.3 即使数据库结构并没有更改，也可以通过指定一个哈希修饰符让 Core Data 得知当前的数据模型已经更改

我们有两种截然不同的方法来创建映射模型。如果两个数据模型版本之间的改动只是一些简单变换，就可以直接让 Core Data 自动推断映射模型。这种方式叫轻量级数据迁移。如果你想要在新的数据模型上做更复杂的更改，那么就必须创建一个自定义的映射模型。

接下来我们会来具体讲解这两种映射模型，不过首先我们要来讨论一些数据迁移过程中的基本注意事项。

当你在协调器上调用 addPersistentStoreWithType(_:configuration:URL:options:) 这个方法并且将 nil 作为 options 参数传入时，如果指定的数据库无法匹配这个协调器的数据模型版本的话，程序就会抛出一个异常。这时候就需要使用数据迁移来将 SQLite 数据库转变成协调器能够理解的格式。

此时你有两个选择：要么让 Core Data 自己来管理数据迁移过程，要么手动来控制数据迁移。第一种方法相比起来要简单得多，但是有不少限制，接下来我么就来解释具体有哪些限制。

自动数据迁移

为了让 Core Data 自动管理数据迁移，我们需要在添加协调器时将 options 这个字典参数中的 NSMigratePersistentStoresAutomaticallyOption 值设置为 true。如果数据库文件无法匹配协调器中的数据模型版本的话，Core Data 会尝试在应用包 (bundles) 中寻找一个合适的映射模型并开始数据迁移。当数据迁移完成后，Core Data 会照常打开持久化存储。

如果你将 NSInferMappingModelAutomaticallyOption 的值也设置为 true，那么当 Core Data 无法找到映射模型时它就会尝试推断一个。只有当两个数据模型版本间的更改能够通过轻量级数据迁移完成时，这种推断才会成功。我们会在后面详细解释这样做的具体要求。

通过设置上面说的这两个值，整个迁移过程就变得非常简单。但是，我们前面就说过这种做法本身具有些许限制性。

一般来说在新旧数据版本之间，自动数据迁移只会进行一个单步操作。这就意味着对于之前的每一个版本你都必须提供一个映射模型：比如你添加的这个版本是第二个版本，那么你只需要提供一个映射模型就够了。但是如果你添加的是第三个版本，那么你就必须提供两个映射模型 (分别是从第一个和第二个版本到当前这个版本)。到下一次添加版本的时候，就需要三个映射模型了。很显然这样的方式可扩展性很差。至于它是否是一个问题，要取决于你更改模型的频率以及这些更改有多复杂。

另外，这样的单步数据迁移会阻止你独立地迁移数据的子集，当你的数据集非常大的时候，能够独立地迁移数据库子集的特性会变得很有用。

手动数据迁移

我们也可以自己来控制数据迁移的过程，从而获得更多的灵活性。这么做能够允许我们进行渐进式的数据迁移，比如，将数据库中现有的数据以迭代的方式从当前数据模型版转换到新的数据模型版本。这个方法在需要频繁更改数据模型时具有很好的可扩展性。

在这个数据迁移测试项目[1]里，我们使用了手动的方式。这个项目解释了迁移过程中的每一部分，你可以通过学习这个项目来深刻地理解手动迁移是如何工作的。

在我们开始介绍自定义数据迁移之前，先来回顾一下数据模型版本方面的知识。在上面这些内容中，我们仅仅展示了如何使用 Xcode 的数据模型编辑器来创建新的数据模型版本。现在我们要用代码来直接创建数据模型版本，并将各个版本联系起来。这么做会使数据模型版本更清晰并且数据迁移的代码也会变得更简单。

显式处理数据模型版本

不同数据模型版本之间是通过你设置的名字来区分的。在数据迁移的代码中我们需要访问不同的数据模型版本。为了让事情简单一些，我们定义了一个枚举，这个枚举列出了所有的数据模型版本，枚举的值就是用来表示每个版本名字的字符串：

```
enum ModelVersion: String {
    case Version1 = "Moody"
    case Version2 = "Moody 2"
}
```

---

[1] *https://github.com/objcio/core-data/blob/master/Migrations*

接着我们定义了一个 ModelVersionType 协议，我们将使用这个协议往这个枚举中添加一些用于辅助的属性和方法：

```
public protocol ModelVersionType: Equatable {
    static var AllVersions: [Self] { get }
    static var CurrentVersion: Self { get }
    var name: String { get }
    var successor: Self? { get }
    var modelBundle: NSBundle { get }
    var modelDirectoryName: String { get }
    func mappingModelsToSuccessor() -> [NSMappingModel]?
}
```

为了让 ModelVersion 遵从这个协议，我们只需要像下面这样添加几个属性就行了：

```
extension ModelVersion: ModelVersionType {
    static var AllVersions: [ModelVersion] { return [.Version2, .Version1] }
    static var CurrentVersion: ModelVersion { return .Version2 }

    var name: String { return rawValue }
    var modelBundle: NSBundle { return NSBundle(forClass: Mood.self) }
    var modelDirectoryName: String { return "Moody.momd" }

    var successor: ModelVersion? {
        switch self {
        case .Version1: return .Version2
        default: return nil
        }
    }
}
```

现在 ModelVersion 封装了所有和数据模型相关的信息：模型的名字、模型所处的位置，以及模型之间如何互相关联。这让我们能够更简单地在 ModelVersionType 上定义扩展，从而来加载某个特定的数据模型：

```
extension ModelVersionType {
    public func managedObjectModel() -> NSManagedObjectModel {
        let omoURL = modelBundle.URLForResource(name,
            withExtension: "omo", subdirectory: modelDirectoryName)
        let momURL = modelBundle.URLForResource(name,
            withExtension: "mom", subdirectory: modelDirectoryName)
        guard let url = omoURL ?? momURL else {
            fatalError("model version \(self) not found")
        }
        guard let model = NSManagedObjectModel(contentsOfURL: url) else {
            fatalError("cannot open model at \(url)")
        }
        return model
    }
}
```

我们也可以添加一个便利构造函数，用来获取当前数据库文件的版本：

```
extension ModelVersionType {
    public init?(storeURL: NSURL) {
        guard let metadata = try? NSPersistentStoreCoordinator
            .metadataForPersistentStoreOfType(NSSQLiteStoreType,
                URL: storeURL, options: nil) else
        {
            return nil
        }
        let version = Self.AllVersions.findFirstOccurence {
            $0.managedObjectModel().isConfiguration(nil,
                compatibleWithStoreMetadata: metadata)
        }
        guard let result = version else { return nil }
        self = result
    }
}
```

随着项目的发展我们甚至可以将更多的功能添加到这个协议中 (你可以在 GitHub[1] 上找到这个测试项目的完整代码)。

在项目中使用这种明确定义数据模型版本的方法，会使得手动进行渐进式数据迁移的代码变得简单直接。

渐进式数据迁移

我们的目标是要建立这样一个简单的方法：这个方法需要一个源 URL、一个目标 URL，以及一个目标数据模型版本作为参数，并且能够进行必要的数据迁移步骤，就像这样：

```
public func migrateStoreFromURL<Version: ModelVersionType>(
    sourceURL: NSURL, toURL: NSURL, targetVersion: Version,
    deleteSource: Bool = false, progress: NSProgress? = nil)
{
    // ...
}
```

第一步就是要找到我们所需的那些映射模型，使得数据库能够从当前版本映射到目标版本。为此我们为 ModelVersionType 定义了一个扩展来获取从某个版本到其直接后续版本的映射模型：

```
extension ModelVersionType {
    public func mappingModelsToSuccessor() -> [NSMappingModel]? {
        guard let nextVersion = successor else { return nil }
        guard let mapping = NSMappingModel(fromBundles: [modelBundle],
            forSourceModel: managedObjectModel(),
            destinationModel: nextVersion.managedObjectModel())
            else { fatalError("no mapping from \(self) to \(nextVersion)") }
        return [mapping]
    }
}
```

这个方法会返回一个映射模型的数组，如 Apple 的文档[2]里所述，我们可以将某个单一的迁移步骤分成多个映射模型。当迁移大型数据集时，这么做可以减少内存的压力。

---

[1] *https://github.com/objcio/core-data/blob/master/Migrations*
[2] *https://developer.apple.com/library/ios/documentation/Cocoa/Conceptual/CoreDataVersioning/Articles/vmCustomizing. html#//apple_ref/doc/uid/TP40004399-CH8-SW9*

有了 mappingModelsToSuccessor() 这个辅助方法，我们可以很容易地定义另一个扩展，这个扩展会返回某个特定目标模型版本所需要的所有迁移步骤：

```
public struct MigrationStep {
    var sourceModel: NSManagedObjectModel
    var destinationModel: NSManagedObjectModel
    var mappingModels: [NSMappingModel]
}

extension ModelVersionType {
    public func migrationStepsToVersion(version: Self) -> [MigrationStep] {
        guard self != version else { return [] }
        guard let mappings = mappingModelsToSuccessor(),
            let nextVersion = successor else
        {
            fatalError("couldn't find mapping models")
        }
        let step = MigrationStep(sourceModel: managedObjectModel(),
            destinationModel: nextVersion.managedObjectModel(),
            mappingModels: mappings)
        return [step] + nextVersion.migrationStepsToVersion(version)
    }
}
```

如果我们当前的数据模型已经处于目标版本，那么这个方法会返回一个空数组。如果还未处于目标版本，那么我们必须确保当前版本和下一个版本之间存在一个映射模型 (否则我们就犯了一个错误)，然后递归地调用 migrationStepsToVersion(_:) 方法。这样一来，我们最终会得到一个包含 MigrationStep 对象的数组，其中每一个对象对应特定的一个迁移步骤，其中封装了源模型、目标模型，以及执行该步骤所需的映射模型：

接下来我们可以创建 migrateStoreFromURL(_:toURL:targetVersion:) 方法：

```
public func migrateStoreFromURL<Version: ModelVersionType>(
    sourceURL: NSURL, toURL: NSURL, targetVersion: Version,
    deleteSource: Bool = false, progress: NSProgress? = nil)
{
    guard let sourceVersion = Version(storeURL: sourceURL) else {
```

```
            fatalError("unknown store version at URL \(sourceURL)")
    }
    var currentURL = sourceURL
    let migrationSteps = sourceVersion.migrationStepsToVersion(targetVersion)
    for step in migrationSteps {
        let manager = NSMigrationManager(sourceModel: step.sourceModel,
            destinationModel: step.destinationModel)
        let destinationURL = NSURL.temporaryURL()
        for mapping in step.mappingModels {
            try! manager.migrateStoreFromURL(currentURL,
                type: NSSQLiteStoreType, options: nil,
                withMappingModel: mapping, toDestinationURL: destinationURL,
                destinationType: NSSQLiteStoreType, destinationOptions: nil)
        }
        if currentURL != sourceURL {
            NSPersistentStoreCoordinator.destroyStoreAtURL(currentURL)
        }
        currentURL = destinationURL
    }
    try! NSPersistentStoreCoordinator.replaceStoreAtURL(toURL,
        withStoreAtURL: currentURL)
    if (currentURL != sourceURL) {
        NSPersistentStoreCoordinator.destroyStoreAtURL(currentURL)
    }
    if (toURL != sourceURL && deleteSource) {
        NSPersistentStoreCoordinator.destroyStoreAtURL(sourceURL)
    }
}
```

在这个方法里，我们遍历了一个含有 MigrationStep 对象的数组，并且在每一次迭代中都使用了一个 NSMigrationManager 来执行操作。注意我们总是使用一个临时的 URL 来作为数据迁移的目标 URL，并且在成功执行每一次迭代后进行清理。当所有的数据迁移步骤成功执行后，我们将新的数据库复制到它的最终目标 URL。为了安全起见，我们只在数据迁移完成后才移除或覆盖原始数据库。这样一来万一在我们发布某个新应用版本后，某些用户的数据迁移失败了，由于那个原始数据库文件仍然存在，所以我们在下一次更新时就能够有机会把问题修复。

在调用某些会抛出错误的方法时，我们使用了 try! 。如果调用 migrateStoreFromURL 或 replaceStoreAtURL 失败了，那么我们希望程序立即崩溃，因为这意味着我们在编程时出现了错误。

有了这个数据迁移的方法之后，剩下我们要做的就是在打开持久化存储的时候使用上面这个方法。比如，我们可以将这个代码封装到 NSManagedObjectContext 的一个便利构造函数中：

```swift
extension NSManagedObjectContext {
    public convenience init<Version: ModelVersionType>(
        concurrencyType: NSManagedObjectContextConcurrencyType,
        modelVersion: Version, storeURL: NSURL, progress: NSProgress? = nil)
    {
        if let storeVersion = Version(storeURL: storeURL)
            where storeVersion != modelVersion
        {
            migrateStoreFromURL(storeURL, toURL: storeURL,
                targetVersion: modelVersion, deleteSource: true,
                progress: progress)
        }
        let psc = NSPersistentStoreCoordinator(
            managedObjectModel: modelVersion.managedObjectModel())
        try! psc.addPersistentStoreWithType(NSSQLiteStoreType,
            configuration: nil, URL: storeURL, options: nil)
        self.init(concurrencyType: concurrencyType)
        persistentStoreCoordinator = psc
    }
}
```

你应该总是在后台队列上执行数据迁移并且将进度报告给用户 (为了简单起见，我们在上面的代码中省略了这两部分)。我们会在数据迁移和用户界面这一部分中继续这个话题。

和之前介绍的自动数据迁移相比，手动数据迁移需要额外的工作量和代码来维护。至于你要选择哪种方法则要根据具体的用例而定：如果在你的应用中数据模型更改不是很频繁，那么相对来说更简单的自动数据迁移可能是更好的选择。

12.3 推断的映射模型

如果两个数据模型版本之间的更改仅仅是有限的简单变化，那么 Core Data 可以自己推断映射模型。使用推断的映射模型来进行数据迁移，这样的方法也叫作**轻量级数据迁移**。

轻量级数据迁移可以处理下面列出的这些变换：

- 添加、删除以及重命名属性
- 添加、删除以及重命名关系
- 添加、删除以及重命名实体
- 更改属性的可选状态
- 添加或删除属性上的索引
- 添加、删除或更改实体上的复合索引
- 添加、删除或更改上体上的唯一性限制

这个列表里有一些陷阱。首先，如果你将某个属性从可选的改成不可选的，那么你**必须**要给它指定一个默认值。其次，一个更微妙的陷阱就是，更改索引 (包括属性上的索引以及复合索引) 并不等于更改数据模型。因此你必须为更改的属性或实体指定一个哈希值，从而使得 Core Data 在数据迁移过程中做出正确的操作。

当你重命名属性或实体时，你必须使用重命名 ID (可以在数据模型检查器中找到它)，因为它能够提示 Core Data 该实体之前的名字。举一个例子，在数据迁移测试项目[1]的第一个测试中，我们将第一个数据模型版本中的 remoteIdentifier 属性在第二个版本中重命名成了 remoteID。为了让这个重命名能够正确工作，在第二个版本中我们将 remoteIdentifier 指定为 remoteID 的**重命名标识符**。如果我们需要在第三个版本中再次重命名这个属性，那么我们同样需要将第二个版本中的重命名标识符指定为第三个版本的重命名标识符，之后的每一个版本都以此类推。

如果你使用的是自动数据迁移，那么你就不需要做其他任何操作了。因为 Core data 会检测现有的数据模型，然后推断出一个用来映射到新的数据模型的映射模型。如果你使用的是手动数据迁移，那么你仍然可以使用轻量级迁移，但是你必须自己来创建这个推断的映射模型。NSMappingModel 提供了 inferredMappingModelForSourceModel(_:destinationModel:) 这个静态方法来让你手动创建推断的映射模型。

---

[1] https://github.com/objcio/core-data/blob/master/Migrations/MigrationsTests/MigrationTests.swift

在数据迁移示例项目[1]中,第一个和第二个数据模型版本之间的推断映射模型就是使用这个静态方法创建的:

```
extension ModelVersion: ModelVersionType {
    func mappingModelsToSuccessor() -> [NSMappingModel]? {
        switch self {
        case .Version1:
            let mapping =
                try! NSMappingModel.inferredMappingModelForSourceModel(
                    managedObjectModel(),
                    destinationModel: successor!.managedObjectModel())
            return [mapping]
        // ...
        }
    }
}
```

这个创建推断映射模型的方法会抛出一个错误。我们在这里使用了 try! 就是为了在出现错误时程序能够立即崩溃。因为如果映射模型无法被推断,那么这是一个编程时的错误。

12.4 自定义映射模型

如果你需要对你的数据模型做更深层次的更改,这些更改无法通过轻量级数据迁移完成,那么你就需要自己来创建一个映射模型,并且通过这个映射模型来指定旧的数据模型如何映射到新的数据模型。比如,你可以将几个独立的实体合并成一个,或是将现有的实体分离开,又或者在现有的实体之间创建新的关系,还有很多就不一一列举了。

尽管你可以通过代码来创建映射模型,但是常用的方法是使用 Xcode 的映射模型编辑器来创建。在创建新文件时选择"Mapping Model"这个选项,然后会让你选择源数据模型以及目标数据模型,最后新模型中那些没有更改的内容会直接被预填充到新的映射模型中,如图 12.4 所示。

在图 12.4 中可以看出,左边栏是一个包含所有**实体映射**的列表。每个实体映射描述了源数据模型中的一个实体是如何映射到目标数据模型中的一个实体的。如果我们添加了一个新

---

[1] *https://github.com/objcio/core-data/blob/master/Migrations*

的实体，那么它的源实体为空。如果我们删除了一个现有的实体，那么这个实体要么完全被去除，要么它的目标实体为空。

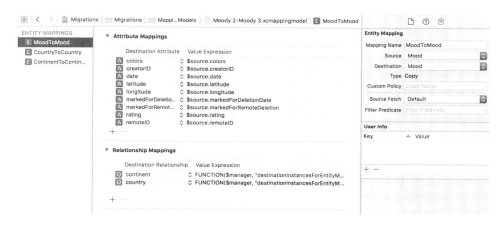

图 12.4　Xcode 的映射模型编辑器

中间部分是一个包含所有**属性映射**的列表。这些属性映射描述了目标数据模型中的某个属性或关系是如何映射到源数据模型的。

最后，你可以在右边栏里调整所选中的映射的细节。

举一个例子，我们来看一下示例项目中的 "Moody 4-Moody 5.xcmappingmodel[1]" 这个映射模型。在这次数据迁移中 (从 Moody 4 到 Moody 5)，我们完全删除了 **Continent (大陆)** 这个实体，然后在 **Country** 上添加了一个 isoContinent 属性作为替代。isoContinent 会包含这个 Country 所处 Continent 的数字标识符。

每一个属性映射其实是一个 NSExpression 的实例。在我们的示例项目中，只是简单地将下面这个表达式指定为 isoContinent 属性的值：

$source.continent.numericISO3166Code

这个表达式告诉了 Core Data 使用源版本中 Country 对象的 Continent 的 numericISO3166Code 属性值来作为新添加的这个 isoContinent 属性的值。

再举一个更复杂的例子，让我们来看看图 12.4 中所展示的映射模型 (就是在示例项目中的 "Moody 2-Moody 3.xcmappingmodel"[2] 这个文件)。这个映射模型描述了如何在 **Continent** 和 **Mood** 实体之间创建一个新的一对多关系。**MoodToMood** 这个实体映射包含了一个属性映射，这个属性映射通过下面这个表达式来描述新添加的这个 continent 关系：

---

[1] https://github.com/objcio/core-data/blob/master/Migrations/Migrations/Moody%204-Moody%205.xcmappingmodel
[2] https://github.com/objcio/core-data/blob/master/Migrations/Migrations/Moody%202-Moody%203.xcmappingmodel

```
FUNCTION($manager,
    "destinationInstancesForEntityMappingNamed:sourceInstances:",
    "ContinentToContinent", $source.country.continent)
```

这个表达式中，我们通过在数据迁移管理器 (migration manager) 上调用 destinationInstancesForEntityMappingNamed(_:sourceInstances:) 方法来从目标数据库中获取特定的托管对象，这个托管对象对应的是位于源数据库中的某个 Mood 对象的 Continent 对象。$manager 这个变量指的是迁移管理器。$source 这个变量指的是正要被迁移的源对象，所以我们可以通过 $source.country.continent 这个表达式来获取源数据库中 Mood 对象的 Continent 对象。

这个新添加关系的逆向就是 Continent 实体中的 moods 关系。我们使用下面这个表达式来指定 ContinentToContinent 实体映射中的 moods 关系：

```
FUNCTION($manager,
    "destinationInstancesForEntityMappingNamed:sourceInstances:",
    "MoodToMood", $source.countries.@distinctUnionOfSets.moods)
```

这个和上面那个 continent 关系非常相似，但是我们在这里使用了 @distinctUnionOfSets 这个集合操作符[1]，它属于键值编码 (key-value coding) 中的一个操作符。这个操作符工作起来和 Swift 中集合类型的 flatMap 很相似：它将嵌套在每一个 Country 对象里的那些 Mood 对象集合展开成为一个单独的集合，这个集合包含了需要被迁移的那个 Continent 对象上的所有 Counrty 的所有 Mood 对象。这是一个非常简便的方法，我们用它来移除 Continent 和 Mood 之间那个额外的 countries 关系。

如果无法通过在映射模型编辑器中指定一个用来映射新的属性和关系的表达式这样的方法来达到你的要求，那么你还可以更进一步，为每一个实体映射指定一个自定义的 NSEntityMigrationPolicy 子类，从而来完全地控制整个迁移过程。我们现在来看一个这方面的例子。

自定义实体映射策略

使用自定义的实体映射策略，你就可以完全地控制整个迁移过程。在迁移示例项目中，我们创建了一个叫 Country5ToCountry6Policy[2] 的 NSEntityMigrationPolicy 的子类，我们用它

---

[1] https://developer.apple.com/library/ios/documentation/Cocoa/Conceptual/KeyValueCoding/Articles/CollectionOperators.html

[2] https://github.com/objcio/core-data/blob/master/Migrations/Migrations/Country5ToCountry6Policy.swift

来将 Country 实体的 isoContinent 这个数字属性分离出来，并创建一个单独的 Continent 实体，然后在 Country 和 Continent 之间建立一个新的关系。

为了让 Core Data 使用我们自定义的映射策略，我们必须像下面这样在 **CountryToCountry** 这个实体映射的详情检查器 (details inspector) 中指定这个自定义策略的类名，如图 12.5 所示。

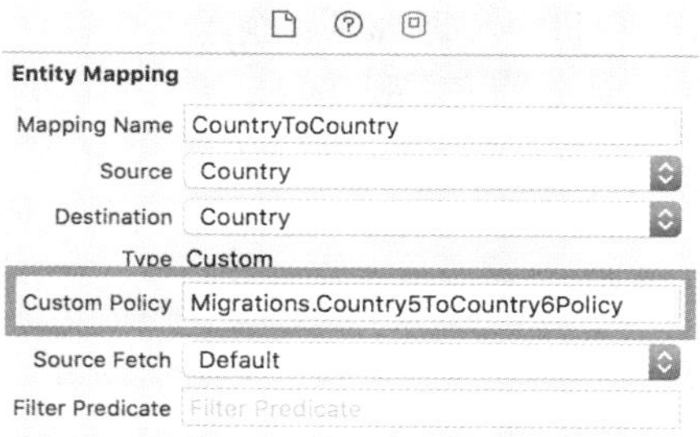

图 12.5　指定自定义 NSEntityMigrationPolicy 子类的名字

NSEntityMigrationPolicy 提供了一些方法，你可以通过覆盖这些方法来自定义数据迁移的过程。你可以查看 Apple 的官方文档[1]来获取更多的细节。在我们的示例中，我们只是简单地重写了 createDestinationInstancesForSourceInstance(_:entityMapping:manager:) 这个方法：

```
class Country5ToCountry6Policy: NSEntityMigrationPolicy {
    override func createDestinationInstancesForSourceInstance(
        sInstance: NSManagedObject, entityMapping mapping: NSEntityMapping,
        manager: NSMigrationManager) throws
    {
        try super.createDestinationInstancesForSourceInstance(sInstance,
            entityMapping: mapping, manager: manager)
        guard let continentCode = sInstance.isoContinent else { return }
        guard let country =
            manager.destinationInstancesForEntityMappingNamed(
                mapping.name, sourceInstances: [sInstance]).first
            else { fatalError("must return country") }
        guard let context = country.managedObjectContext
            else { fatalError("must have context") }
```

[1] https://developer.apple.com/library/mac/documentation/Cocoa/Reference/NSEntityMigrationPolicy_class/

```
        let continent = context.findOrCreateContinent(continentCode)
        country.setContinent(continent)
    }
}
```

编写自定义映射策略的一个特点是，你需要在 NSManagedObject 对象上大量地使用键值编码，这是因为通常来说在你的项目中不再会有那些老版本的数据模型对象。为了能够更安全可靠地使用键值编码，我们定义了一些私有的 NSManagedObject 扩展，这些扩展封装了自定义策略中调用那些键值编码的代码。由于它们是私有的扩展，所以它们不会被项目中其他的代码干扰。你可以查看 GitHub 上相关的源代码[1]来获取更多的信息。

在上面的示例代码中，我们首先调用了父类的实现，因为我们希望 Core Data 按照映射模型中的规范来迁移 country 对象。然后我们使用自定义的逻辑来完成剩下的迁移工作。

1. 检查源 country 对象是否拥有 isoContinent 这个属性的值，如果没有那么就提前退出。

2. 从迁移管理器中获取那个新创建的目标 country 对象。因为这个对象必须要存在 (之前调用父类实现的时候应该会创建这个对象)，所以如果不存在我们就让程序崩溃，不过这永远都不应该发生。

3. 获取目标对象所处的上下文。同样地，我们在这里使用一个致命错误 (fatal error) 来表明在此刻 managedObjectContext 这个可选类型的属性必须不为 nil。

4. 查找或是创建 (如果找不到) 一个 continent 对象，并将它设置为 country 对象的 continent 这个对一关系。

自定义映射策略中的代码和具体的应用域高度相关。在上面的示例中，我们将一个现有的实体分离成了两个实体。自定义映射策略还有另一个常见的使用场景，那就是当现有的属性的转变无法用很简单的方法来描述和完成的时候，你也可以求助于它。

12.5 数据迁移和用户界面

根据数据集不同的大小和结构，数据迁移很可能会是昂贵的操作。你应该在真机上使用真实的数据集来进行测试，从而能够更好地预估数据迁移所需要的时间。通常，你应该要保证在后台队列上进行数据迁移，同时向用户展示合理的界面，比如使用一些进度条来报告迁移进度。

---

[1]*https://github.com/objcio/core-data/blob/master/Migrations/Migrations/Country5ToCountry6Policy.swift*

如果你在应用代理 (AppDelegate) 中设置 Core Data 栈并且开启自动数据迁移，那么你通常会遇到这样一个问题。那就是数据迁移会在主线程中进行，这有可能会延长 UI 阻塞的时间。在阻塞的这段时间里，整个应用会失去响应，如果这段时间太长，那么系统甚至有可能直接关闭这个应用。

其中的一个解决方法是，在设置 Core Data 栈之前先检查一下数据库和当前的数据模型版本是否兼容，然后根据检查结果来选择不同的方式：

```
public func createMoodyMainContext(progress: NSProgress? = nil,
    migrationCompletion: NSManagedObjectContext -> () = { _ in })
    -> NSManagedObjectContext?
{
    let version = MoodyModelVersion(storeURL: StoreURL)
    guard version == nil || version == MoodyModelVersion.CurrentVersion else {
        // 迁移路径...
        return nil
    }
    let context = NSManagedObjectContext(
        concurrencyType: .MainQueueConcurrencyType,
        modelVersion: MoodyModelVersion.CurrentVersion, storeURL: StoreURL)
    return context
}
```

如果 SQLite 数据库还不存在，或者数据库的版本和当前的数据模型版本相同，那么我们会照常处理并且返回上下文。但是，如果数据库版本和当前的数据模型版本不一致，那么我们采取异步数据迁移然后直接返回 nil。

如果调用上面这个方法能够立即获取到一个托管对象上下文，那么我们可以像往常一样设置 UI。但是如果无法获得上下文，那么我们可以展示一个合适的 UI 来表示数据迁移正在进行中，然后当迁移完成时可以在迁移完成的回调中展示应用的主 UI。

在真正进行数据迁移时，我们只是简单地将这部分代码调度到一个后台队列上，然后使用 NSManagedObjectContext 的便利构造函数来进行数据迁移，并且在迁移完成时实例化一个上下文。最后调度回主线程并调用 migrationCompletion(_:) 这个方法：

```
dispatch_async(dispatch_get_global_queue(QOS_CLASS_USER_INITIATED, 0)) {
    let context = NSManagedObjectContext(
        concurrencyType: .MainQueueConcurrencyType,
```

```
        modelVersion: MoodyModelVersion.CurrentVersion, storeURL: StoreURL,
        progress: progress)
    dispatch_async(dispatch_get_main_queue()) {
        migrationCompletion(context)
    }
}
```

在数据迁移进行过程中,为了让用户觉得等待迁移的体验不那么糟糕,我们可以显示一个进度条和一些关于数据迁移的信息。数据迁移管理器对象支持 NSProgress,我们可以在自定义数据迁移时使用它来报告整个迁移的进度。下面来介绍具体实现,首先需要初始化一个 NSProgress 对象,在初始化时将数据迁移步骤的总数目作为参数传入构造函数。然后每次初始化数据迁移管理员对象时,我们将这个 NSProgress 对象设置为这个管理员的当前进度,这是具体的示例代码:

```
public func migrateStoreFromURL<Version: ModelVersionType>(
    sourceURL: NSURL, toURL: NSURL, targetVersion: Version,
    deleteSource: Bool = false, progress: NSProgress? = nil)
{
    // ...
    var migrationProgress: NSProgress?
    if let p = progress {
        migrationProgress = NSProgress(
            totalUnitCount: Int64(migrationSteps.count),
            parent: p, pendingUnitCount: p.totalUnitCount)
    }
    for step in migrationSteps {
        migrationProgress?.becomeCurrentWithPendingUnitCount(1)
        let manager = NSMigrationManager(sourceModel: step.sourceModel,
            destinationModel: step.destinationModel)
        migrationProgress?.resignCurrent()
        // ...
    }
    // ...
}
```

12.6 测试数据迁移

对于你的应用来说，迁移旧的数据并使它们能够和当前版本的应用兼容是非常关键的。如果你发布了一个带有数据迁移 Bug 的应用，那么当用户更新了应用之后，对于某些用户甚至所有用户来说应用可能会变得无法使用。所以你应该要做一些额外的工作并且为数据迁移添加自动化测试。

在我们的示例项目中，我们使用了单元测试[1]来演示数据迁移是如何工作的，不过你也可以将它们当作是如何测试数据迁移的示例。

基本原则很简单：对于应用中每一个可能发生数据迁移的地方，你需要有一个已经包含了迁移前数据的 SQLite 数据库，以及一个测试组件[2]，它包含了数据迁移完成后我们所期望得到的数据，我们可以用它来和真正的结果进行比较。

获取一个有效的 SQLite 数据库最简单的一个方法是，从旧的应用中将数据库复制到测试的目标中。你可能需要缩减一下数据库中的内容，这样你的测试组件就会比较小。然后你需要提取出数据 (比如使用 SQLite 的命令行工具)，并根据数据迁移完成后你想要的结果来更改这些数据。最后将这些数据作为期望结果硬编码到你的测试代码中。

我们为每一个实体创建了一个结构体，并用它来持有测试数据。这些结构体都遵从下面这个协议：

```
protocol TestEntityDataType {
    var entityName: String { get }
    func matchesManagedObject(mo: NSManagedObject) -> Bool
}
```

在每一个结构体中实现 matchesManagedObject(_:) 这个方法，可以让我们检查测试数据是否和迁移后托管对象中的数据一致。为了使这样的比较操作更简单，我们还创建了一个 TestVersionData 结构体，它封装了针对某个特定数据模型版本的所有测试数据。然后我们在这个结构体中添加了一个方法用来检查这些测试数据是否能够匹配传入的那个上下文中的数据：

```
struct TestVersionData {
    let data: [[TestEntityDataType]]
```

---

[1] *https://github.com/objcio/core-data/blob/master/Migrations/MigrationsTests*
[2] *https://en.wikipedia.org/wiki/Test_fixture*

```
func matchWithContext(context: NSManagedObjectContext) -> Bool {
    for entityData in data {
        let request = NSFetchRequest(
            entityName: entityData.first!.entityName)
        let objects = try! context.executeFetchRequest(request)
            as! [NSManagedObject]
        guard objects.count == entityData.count else { return false }
        guard objects.all({ o in
            entityData.some { $0.matchesManagedObject(o) }
        }) else { return false }
    }
    return true
}
```

我们不会在这里复制和粘贴那些测试组件中的代码，因为它们很长，而且这些代码既不优雅也不有趣。但是你可以在 GitHub[1] 上找到所有这些代码。

调试数据迁移时的输出

Core Data 针对数据迁移提供了一个调试模式，你可以通过设置启动参数来开启这个模式：

-com.apple.CoreData.MigrationDebug 1

在调试模式下，你会得到额外的关于数据迁移的诊断信息，这些信息可以帮助你调试数据迁移的问题。

12.7 总结

一旦你需要更改你的数据模型，你就必须使用数据迁移来使得旧的数据能够匹配当前的数据模型版本。针对数据迁移，Core Data 一如既往地提供了大量的灵活性。你既可以让 Core Data 来控制数据迁移的过程，也可以自己控制它。如果两个数据模型版本之间的更改非常

---

[1] https://github.com/objcio/core-data/blob/master/Migrations/MigrationsTests

简单，那么你可以让 Core Data 推断它们之间的映射模型，同样地，你也可以创建自定义的映射模型。

你应该选择适应你需求的最简单的方法来进行数据迁移，并且针对生产环境中所有可能发生的数据迁移，你都需要为它们添加自动化测试。

重点

- 谨慎思考你是否真的需要数据迁移。你的应用可能只需要在每次启动时重新下载所有数据并创建整个数据库。

- 在绝大多数情况下，轻量级数据迁移就可以满足你应用的需求。

- 如果在数据模型上的更改较复杂，那么你应该要使用自定义的映射模型。为了能够更好地控制数据迁移的过程，你可以使用自定义的实体映射策略。

- 如果你使用 Core Data 的自动数据迁移功能，那么你需要维护当前版本和所有可能的旧数据模型版本之间的那些映射模型。如果你很少更改数据模型，那么这应该是最简单的数据迁移方法。

- 如果你需要经常更改数据模型，则可以考虑自己控制整个数据迁移过程从而可以进行渐进式数据迁移。

- 在后台队列上进行数据迁移，同时将数据迁移的进度报告给用户，让他们能够知道具体在发生什么。

- 为生产环境中所有可能发生的数据迁移路径编写自动化测试。数据迁移是一个典型的无法使用手动测试的例子。

第 13 章　性能分析

我们已经在第 6 章中从多方面讨论了如何在使用 Core Data 时保证高性能。在本章中，我们会专注于如何通过性能分析 (profiling) 来确定 Core Data 的性能瓶颈在哪里，以及如何使用这些信息来改进你的代码。

本章中展示的这些技术不光能用来有效地分析你的应用，它们也可以帮助你更好地理解 Core Data 栈中具体发生了什么。比如在本书的创作过程中，我们就大量地使用了下面提到的这个 Core Data 的 SQL 调试输出工具。

13.1　SQL 调试输出

如果你想要知道当执行获取请求时、访问属性或是保存数据时 Core Data 背后到底发生了什么，那么最简单的方法就是使用下面这个启动参数来开启 Core Data 的 SQL 调试输出：

-com.apple.CoreData.SQLDebug 1

你可以像下面这样在 Xcode 的应用方案 (scheme) 编辑器中指定这个参数，如图 13.1 所示。

想要理解终端里打印出的那些调试输出，你需要对 SQL 有一个基本的了解。如果你对 SQL 并不太熟悉，那么你可以直接跳到附录并阅读其中关于关系型数据库和 SQL 的部分。

当开启了 SQLDebug 这个选项并启动我们的示例应用时，终端里输出的第一行信息大概是这样的 (为了简洁，我们去掉了所有前缀)：

annotation: Connecting to sqlite database file at
    "/Users/florian/Library/Developer/CoreSimulator/Devices/
    4AE6C8E8-0F8F-4AE2-90DF-FD85E3289E75/data/Containers/Data/
    Application/9C2E68D8-E392-488E-9F92-B35FFC18A48E/Documents/
    Moody.moody"

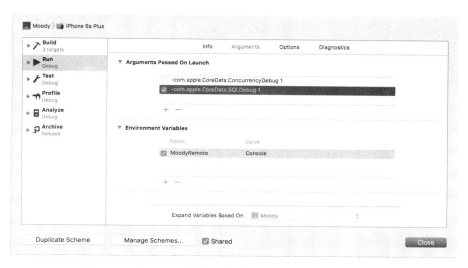

图 13.1　在 Xcode 的应用方案编辑器中指定启动参数

这些信息告诉了我们 Core Data 使用的是哪一个 SQLite 文件。之后当我们需要使用 SQLite 的命令行工具直接打开这个文件时，上面这个信息就变得非常有帮助。

获取请求

当我们显示 region 列表视图时，你会看到下面这个日志输出，它表示获取结果控制器 (fetched results controller) 背后是由获取请求 (fetch request) 来支撑的：

```
sql: SELECT t0.Z_ENT, t0.Z_PK
    FROM ZGEOGRAPHICREGION t0
    WHERE t0.ZMARKEDFORDELETIONDATE = ?
    ORDER BY t0.ZUPDATEDAT DESC
annotation: sql connection fetch time: 0.0004s
annotation: total fetch execution time: 0.0007s for 5 rows.
```

第一部分是一个 SQL 语句，从中可以看出 SQLite 需要访问 ZGEOGRAPHICREGION 这张表，这张表其实对应的就是我们在数据模型中定义的 **GeographicRegion** 实体。在这张表中，我们需要获取 Z_ENT 和 Z_PK 两列，前者是这个实体的标识符，后者则是每一行记录的主键。接着使用了 WHERE 语句来约束这次搜索，表示只需要提取那些没有被标记为删除的记录。最后通过 ORDER BY 语句来将 Core Data 的排序描述符 (sort descriptor) 应用到 SQL 语句中，在这里表示需要使用 updatedAt 属性来将结果进行排序。

从性能分析的角度来看，接下来的两行比较有意思：首先 Core Data 告诉了我们这个查询的执行时间 (在这里是 0.4 毫秒)。接下来那一行告诉了我们整个请求的执行时间，其中包括了在 SQLite 查询的基础上 Core Data 所要做的一些额外工作 (这里是 0.7 毫秒)。我们从这一行信息中还可以得知这次查询所返回的记录的个数。

由于在这个获取请求中我们设置了 fetchBatchSize，所以上面这个查询并没有获取任何实际的数据——它只是获取了对象的主键来构造一个包含批处理结果的数组。接下来的这个输出表示的是那个用来获取第一批实际数据的查询语句：

```
sql: SELECT t0.Z_ENT, t0.Z_PK, t0.Z_OPT, t0.ZMARKEDFORDELETIONDATE,
        t0.ZNUMBEROFMOODS, t0.ZNUMERICISO3166CODE,
        t0.ZUNIQUENESSDUMMY, t0.ZUPDATEDAT, t0.ZNUMBEROFCOUNTRIES,
        t0.ZCONTINENT
    FROM ZGEOGRAPHICREGION t0
    WHERE  t0.Z_PK IN (SELECT * FROM _Z_intarray0)
    LIMIT 20
annotation: sql connection fetch time: 0.0018s
annotation: total fetch execution time: 0.0034s for 6 rows.
```

从结构上来看，这个输出和之前那个一样，但是这个查询要更复杂一些。从中可以看到，这个查询请求了 region 这张表中所有的列，并且将获取的限制设置为 20；也就是 fetchBatchSize 的值。接下来可以看到，这个查询使用了 WHERE 语句，所以它只是请求了所有记录的一个子集。在这里，Core Data 使用了一个子查询来约束这个查询，但是关于这个子查询的细节并不是我们要讨论的重点。

当我们在分析性能方面的问题时，这种类型的输出已经非常有帮助了。我们从中可以得知每一个获取请求的确切执行时间，由此可以缩小问题所在的范围。

我们也可以使用这个输出来更深入地分析从 Core Data 发往 SQLite 的那些查询。为此，我们需要使用 SQLite 的命令行工具来直接打开数据库文件。在 SQLite 命令行中，我们可以使用 "EXPLAIN QUERY PLAN"[1] 命令来了解 SQLite 是如何处理一个 SQL 语句的。

比如，我们可以像这样来分析上面提到的第一个查询：

```
$ sqlite3 <moody-document-dir>/Moody.moody
sqlite> EXPLAIN QUERY PLAN
    SELECT t0.Z_ENT, t0.Z_PK FROM ZGEOGRAPHICREGION t0
```

---

[1] https://www.sqlite.org/eqp.htm

```
WHERE to.ZMARKEDFORDELETIONDATE = ?
ORDER BY to.ZUPDATEDAT DESC;
```

执行这个查询会显示下面的输出：

```
0|0|0|SEARCH TABLE ZGEOGRAPHICREGION AS to
    USING INDEX ZGEOGRAPHICREGION_ZMARKEDFORDELETIONDATE_INDEX
    (ZMARKEDFORDELETIONDATE=?)
0|0|0|USE TEMP B-TREE FOR ORDER BY
```

> 你可以在 SQLite 命令行中输入下面这个两个命令：.mode columns 和 .header on，来让 SQLite 输出更详细并且更容易阅读的信息。

第一行表示的是，SQLite 会在 ZGEOGRAPHICREGION 表上执行一个搜索 (SEARCH TABLE)，并且使用 markedForDeletionDate 上的索引来筛选表中的记录。第二行告诉我们接下来 SQLite 将为 ORDER BY 语句创建一个临时索引，它会根据 updatedAt 这个属性来将查询结果按照倒序进行排序。如果我们现在尝试通过在 updatedAt 上添加索引的方法来提升性能，那么结果可能会出乎意料：

```
0|0|0|SEARCH TABLE ZGEOGRAPHICREGION AS to
    USING INDEX ZGEOGRAPHICREGION_ZMARKEDFORDELETIONDATE_INDEX
        (ZMARKEDFORDELETIONDATE=?)
0|0|0|USE TEMP B-TREE FOR ORDER BY
```

等一等，这不是和之前的一模一样嘛！尽管现在我们在 updatedAt 属性上添加了一个索引，但是 SQLite 仍然没有使用它来排序。这是因为在每张表上 SQLite 最多只会使用一个索引，而 SQLite 已经使用了 markedForDeletionDate 上的索引来筛选表中的记录。不过，我们可以像图 13.2 这样创建一个同时包含 markedForDeletionDate 以及 updatedAt 的复合索引。

再次执行上面的 EXPLAIN QUERY PLAN 语句，你就会在输出信息中看到 SQLite 使用了同时包含 markedForDeletionDate 和 updatedAt 的复合索引：

```
0|0|0|SEARCH TABLE ZGEOGRAPHICREGION AS to
    USING INDEX
    ZGEOGRAPHICREGION_ZMARKEDFORDELETIONDATE_ZUPDATEDAT
    (ZMARKEDFORDELETIONDATE=?)
```

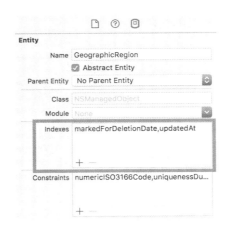

图 13.2　在数据模型检查器中创建一个复合索引

使用了这个复合索引后，我们可以将 markedForDeletionDate 上的那个单独索引删除，因为 SQLite 可以使用一个复合索引中的某一部分。比如有一个包含了三个属性的复合索引，那么只使用第一个属性来筛选结果的谓词 (predicate)，使用前两个属性来筛选结果的谓词，以及使用所有这三个属性来筛选结果的谓词，都是可以使用这个复合索引的。但是如果谓词中只使用了第二个或是第三个属性，那么我们就不能在该谓词上使用这个复合索引。

在 **Mood** 实体上我们也利用了复合索引的优势。我们用来在列表视图中显示 mood 的那个获取请求上包含了一个谓词以及一个排序描述符：谓词被用来筛选那些 markedForDeletionDate 和 markedForRemoteDeletion 的值都为 false 的对象，而排序描述符则指定使用 date 属性进行排序。在 SQL 的调试输出中，这个请求看起来是这样的：

```
sql: SELECT 0, t0.Z_PK FROM ZMOOD t0
    WHERE (( t0.ZMARKEDFORDELETIONDATE = ?
            AND  t0.ZMARKEDFORREMOTEDELETION = ?
        ) AND   t0.ZCOUNTRY = ?)
    ORDER BY t0.ZDATE DESC
annotation: sql connection fetch time: 0.0006s
annotation: total fetch execution time: 0.0009s for 44 rows.
```

由于在 markedForRemoteDeletion、markedForDeletionDate 和 date 这三个属性上有一个复合索引，这个查询在 EXPLAIN QUERY PLAN 命令下的输出看起来是这样的：

```
0|0|0|SEARCH TABLE ZMOOD AS t0
    USING INDEX
```

```
ZMOOD_ZMARKEDFORREMOTEDELETION_ZMARKEDFORDELETIONDATE_ZDATE
(ZMARKEDFORREMOTEDELETION=? AND ZMARKEDFORDELETIONDATE=?)
```

复合索引既可以用于谓词也可以用于排序。要注意的是，为了能够使用复合索引，SQLite 已经优化了谓词的顺序；在初始的谓词中 markedForDeletionDate 是第一个条件，但是在这里 SQLite 将它放到了第二位，这是因为 markedForDeletionDate 在复合索引中是处于第二位的。

将属性按照复合索引中的顺序来排序的好处是，同步引擎也可以使用同一个索引来查询那些 markedForRemoteDeletion 属性值为 true 的对象。

SQLite 关于 "QUERY PLAN[1]" 的文档是非常好的学习资源，你可以从中学到更多关于索引是如何被使用的知识，以及如何通过优化这些索引来最大限度地优化某些特定的查询。

EXPLAIN QUERY PLAN 是一个极其强大的工具，我们可以用它来分析 SQLite 内部到底发生了什么。就像上面看到的那样，你可以知道 SQLite 是否使用了索引，以及索引是如何被使用的。结合 Core Data 的调试输出中关于性能分析的信息，我们就再也不需要猜测在数据模型或是获取请求上做出的那些更改是否真正提升了性能，因为你可以通过详细的信息和性能的测量来做出正确的判断。

填充惰值

Core Data 的 SQL 调试输出信息也会告诉我们某个惰值是什么时候从数据库被填充的。举一个例子，region 列表视图使用了一个获取请求，如果我们将这个获取请求上的 includesPropertyValues 值设为 false，那么我们会在终端看到一些额外的输出信息，它们看起来差不多是这样的：

```
sql: SELECT t0.Z_ENT, t0.Z_PK, t0.Z_OPT, t0.ZMARKEDFORDELETIONDATE,
        t0.ZNUMBEROFMOODS, t0.ZNUMERICISO3166CODE,
        t0.ZUNIQUENESSDUMMY, t0.ZUPDATEDAT, t0.ZNUMBEROFCOUNTRIES,
        t0.ZCONTINENT
    FROM ZGEOGRAPHICREGION t0
    WHERE  t0.Z_PK = ?
annotation: sql connection fetch time: 0.0005s
annotation: total fetch execution time: 0.0008s for 1 rows.
annotation: fault fulfilled from database for : 0xd000000000100002
    <x-coredata://DE6497F9-8B94-420D-81B7-E25B992E28C2/Country/p4>
```

---

[1] https://www.sqlite.org/queryplanner.htm

这个输出和我们之前看到的那个获取请求的输出很相似，但是可以看到在查询中的 WHERE 语句里，Core Data 仅仅使用了特定的主键来查找某一个数据。最后一行明确告诉我们，这个查询是被用来填充某个特定对象 ID 所对应的惰值的。

当你短时间内在终端看到大量的"从数据库填充惰值 (fault fulfilled from database)"信息时，就意味着 Core Data 正在频繁访问数据库来获取你所需的数据，而且每次只获取一个对象，这样做的效率非常低下。造成这个现象的原因通常是你错误地配置了获取请求，就像我们上面这个例子那样。

保存数据

当我们保存一个新的 Mood 对象时，你会在终端看到下面这样的调试输出：

```
sql: BEGIN EXCLUSIVE
sql: SELECT Z_MAX FROM Z_PRIMARYKEY WHERE Z_ENT = ?
sql: UPDATE Z_PRIMARYKEY SET Z_MAX = ? WHERE Z_ENT = ? AND Z_MAX = ?
sql: COMMIT
sql: BEGIN EXCLUSIVE
sql: INSERT INTO
    ZMOOD(Z_PK, Z_ENT, Z_OPT, ZCOUNTRY, ZCOLORS, ZDATE, ZLATITUDE,
        ZLONGITUDE, ZMARKEDFORDELETIONDATE,
        ZMARKEDFORREMOTEDELETION, ZREMOTEIDENTIFIER)
    VALUES(?, ?, ?, ?, ?, ?, ?, ?, ?, ?, ?)
sql: UPDATE ZGEOGRAPHICREGION SET ZUPDATEDAT = ?, Z_OPT = ?
    WHERE Z_PK = ? AND Z_OPT = ?
sql: COMMIT
```

上面的这些信息明确地告诉了我们在保存的过程中到底发生了什么。首先，Core Data 从 Z_PRIMARYKEY 表中拿到当前最大的主键值，然后用后面的 UPDATE 语句将其增加。这两个 SQL 语句被 (BEGIN EXCLUSIVE 和 COMMIT) 包裹在了一个事务 (transaction) 中，以此来保证在同一时间没有其他任何写入数据库的操作。接下来插入新创建的 Mood 对象，同时更新它所对应的 region 对象的 updatedAt 属性的值。同样地，这两个语句也被包裹在了一个事务中。

跟获取请求相反的是，SQLite 的调试输出并不会告诉我们一个保存操作到底执行了多长时间。但是，我们可以使用 Instruments 里的 Core Data 工具来获取这个信息，接下来我们会详细讲解相关内容。

13.2 Core Data Instruments

Instruments 里包含了一些专门针对 Core Data 的工具，你可以使用它们来分析你的应用在持久化方面的性能。你可以将这些 Core Data 工具和其他工具——比如时间分析工具 (Time Profiler)、内存分配工具 (Allocations) 或输入输出工具 (I/O Activity) ——组合起来使用，从而为你的应用提供一个全方位的分析。

在预定义的 Core Data 模板中含有用来检测获取 (Fetches) 性能、保存 (Saves) 性能，以及缓存落空 (Cache Misses) 的工具。但是，除这些之外还有一个工具你也可以选择使用：检测惰值 (Faults) 的工具。

在图 13.3 中，我们使用了一个自定义的模板，它不仅包含了所有上面这四个 Core Data 工具，还使用了时间分析工具。

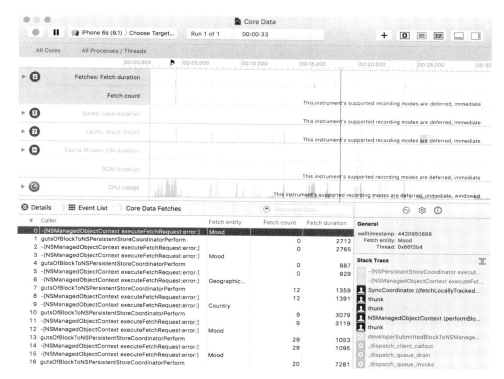

图 13.3　同时包含了用来检测获取性能，保存性能，惰值，以及缓存落空的 Instruments

Core Data 工具为你提供了下面这几个指标：

1. 获取性能

使用这个工具，你可以看到执行获取请求的频率，每个获取请求返回了多少个对象以及执行的时间。

2. 保存性能

   这个工具和上面这个类似，它会为你展示保存操作的执行频率以及执行时间。

3. 惰值

   这个工具为你展示的是那些需要被填充的对象和关系惰值。在它的详情页面中，你可以看到这些被填充的对象的 ID 和关系的名字，以及填充操作所执行的时间。

4. 缓存落空

   这个工具会告诉你，到底有多少填充惰值的操作是由于 SQLite 无法在数据库的行缓存中找到相应的数据而造成的。和检测惰值的工具一样，这个工具会将对象惰值和关系惰值分开汇报。在详情页面中，你可以得知是哪些对象导致了缓存落空以及由于这些缓存落空所引起的来回访问数据库操作所占用的时间。

对于所有那些被 Core Data 工具所记录的事件，你都可以在详情页面上检查事件的调用栈。这个调用栈会告诉你对应的 Core Data 事件是从哪一部分代码中发起的。

那些和 Core Data 有关的指标的图形可以很好地告诉你 Core Data 的各个部分是如何在一起工作的，你还可以从中得知哪些地方存在性能瓶颈。

举个例子，我们来看一看下面这个追踪信息，其中包含了用来检测获取、惰值和缓存落空的工具，如图 13.4 所示。

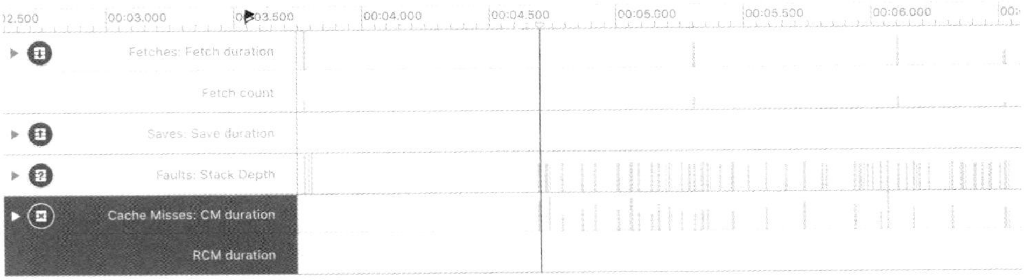

图 13.4　检测惰值和缓存落空工具显示了那些需要从 SQLite 数据库中填充数据的惰值

这些追踪信息会在 Moody 示例应用启动后被记录下来。追踪信息中显示的第一个获取请求来自于那个用来展示 moods 的列表视图所使用的获取结果控制器。接着我们开始往下滚动列表，随着新的数据被引入更多的获取请求将会被触发。

这里有趣的是另外两个追踪信息：惰值和缓存落空。在这里你可看到有大量的惰值被填充了。下面这个详情页面告诉了我们这些惰值都是 Country 对象，如图 13.5 所示。

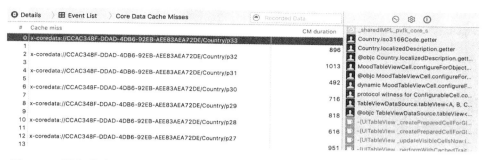

图 13.5　缓存落空工具的详情页面显示了那些导致来回访问 SQLite 数据库的对象

Core Data 必须从 SQLite 数据库中获取数据来填充这些惰值。这个结论是由上面的惰值追踪信息以及所对应发生的缓存落空所得出的。频繁地访问 SQLite 数据库可能会在滑动列表时导致明显的卡顿。

发生这个问题的原因是我们需要显示每一个 mood 的国家名：为了配置每一个列表视图中的 cell，我们必须访问 Mood 对象的 country 关系来获取相应国家的 ISO 码。

解决这个问题的其中一个方法是将数据模型去标准化 (denormalize)，比如我们可以直接将国家代码保存到 **Mood** 实体中。但是在这里，我们会采取一个不同的方法，那就是为 mood 这个列表视图预先获取那些 country 对象。当我们需要显示所有的 mood 的时候，我们可以简单地对所有的 country 对象进行预先获取操作 (我们之所以能这么做是因为所有 country 对象的数量并不大)：

```swift
extension MoodSource {
    func prefetchInContext(context: NSManagedObjectContext)
        -> [MoodyModel.Country]
    {
        switch self {
        case .All: ()
            return MoodyModel.Country.fetchInContext(context) { request in
                request.predicate = MoodyModel.Country.defaultPredicate
            }
            // ...
        }
    }
}
```

使用了这个预获取之后，追踪信息看起来会像图 13.6 所示这样。

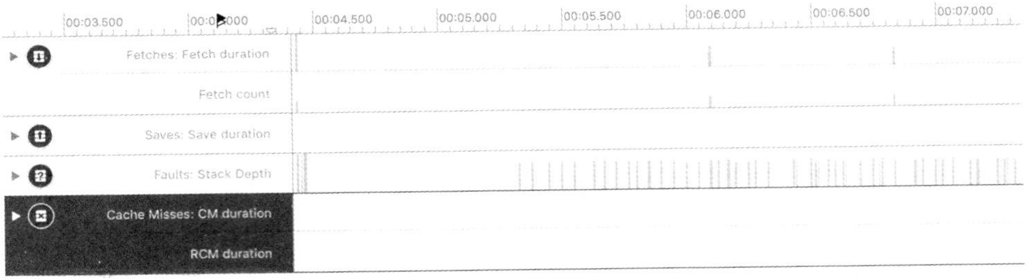

图 13.6　在预获取所需的 Country 对象之后，填充惰值就不会再导致缓存落空了

就如你看到的那样，所有关于缓存落空的追踪信息都不见了。尽管仍然可以看到有大量的 Country 惰值需要被填充，但是这些惰值所对应的数据已经被加载到了行缓存中，所以填充这些惰值并不会造成问题。我们还可以更进一步，将 country 对象以实体化 (materialized) 的形式预获取到行缓存中。这么做的话，所有那些关于惰值的追踪信息也会消失，但是在我们的示例中并没有必要这么做。

13.3　线程保护

如同 SQL 的调试启动参数那样，你还可以指定另外一个启动参数 (iOS 8 和 OS X 10.10 之后的系统版本才可以使用)：

-com.apple.CoreData.ConcurrencyDebug 1

使用这个启动参数能够帮助你调试线程方面的问题：当你在一个错误的队列上访问托管对象或是托管对象上下文时，Core Data 就会抛出一个异常。

13.4　总结

在尝试优化你的 Core Data 代码之前，先诊断一下性能的瓶颈是非常重要的。通过使用 SQL 调试启动参数以及 Core Data 的 Instruments，你就可以得到准确的性能分析指标，同时这还能帮助你更深刻地理解在程序背后 Core Data 具体做了哪些事情。

如果你在不同的队列上使用了多个上下文，那么当你遇到线程方面的问题时，可以使用并发调试启动参数来节省调试的时间。

第 14 章 关系型数据库基础和 SQL

Core Data 的默认存储是 SQLite 数据库。Core Data 中绝大部分概念是围绕 SQLite 数据库来设计的，我们会在本章里更进一步来讲解这些概念。这些内容并不是你开始使用 Core Data 的先决条件，但是尝试理解 Core Data 的内部机制会帮助你更好地使用它。

不过在这里先要提出一个警示：这一章会跳过一些细节，而且我们会从数据库在 Core Data 中的使用方式这个角度出发来讲解关系型数据库，本章的重点就在于帮助你理解这个知识点。因此，我们不会详解创建数据表和插入数据方面的知识。虽然它们看起来很基础，但是对于本章的目的来说它们完全不重要。

14.1 一个嵌入式数据库

SQLite 存储是以关系型数据库的理念来构建的。它运行在你的应用内部——这意味着你的应用不会连接到其他的数据库进程。Core Data 使用**结构化查询语言 (SQL)** 来和数据库的 API **沟通**。每当 Core Data 需要数据库执行某些操作时 (比如获取数据或是修改数据)，就会生成一个 SQL 语句，比如这样：

SELECT 0, t0.Z_PK FROM ZPERSON t0

然后它会将这个语句发送给 SQLite 的 API。Core Data 使用的这个 SQLite 其实是关系型数据库在 iOS 和 OS X 系统中的一种具体实现。

SQLite 会将 Core Data 发送过来的 SQL 语句解析并执行，然后从位于文件系统中的数据库中读取数据或是往其中写入数据。某些类型的 SQL 数据库会独立运行，但是 SQLite 是嵌入式的，它是应用的一部分，而且应用中不会存在其他的数据库进程，如图 14.1 所示。

关系型数据库的模型大约在 1970 年被首次制定。尽管计算机界在此之后发生了翻天覆地的变化，但是在面对持久化不同大小的格式化数据的需求时，关系型数据库仍然是一个稳固的解决方案。

图 14.1 持久化层的各个组件

14.2 数据表、列以及行

关系型数据库中的数据被组织成了不同的数据表。一个数据表看起来可能是这样的:

key	name	favorite food
1	Miguel	Bruschetta
2	Melissa	Bagel
3	Ben	Bacon

一张数据表也可以被称为一个**关系**,因此关系型数据库这个名字也可以理解为:一个建立在数据表上的数据库。

一张数据表中的数据会被组织成不同的列。在上面这个例子中,key、name 和 favorite food 就是列。然后下面的那三行就是表中的数据条目。

关系型数据库有一个概念叫**结构** (schema)。它描述了数据库中有哪些表以及每张表中有哪些**属性**或者列。数据只能按照指定的结构来存储。

当使用 SQL 时,我们通常会在数据表上添加一个所谓的**主键** (primary key),Core Data 就是这么做的。这个属性——通常是一个整型数——是每一行记录的独一标识。当插入一条新记录时,数据库会自动为这个新记录设置一个新的值 (将当前最大的主键值增加) 做为其主键。

14.3 数据库系统的结构

一个典型的数据库系统可以分为四个组件：一个用来接收和处理 SQL 语句的**查询处理器**；一个用来管理内存的缓冲区以及文件系统中的存储的**存储管理器**；一个用来确保数据库完整性的**事务管理器**；最后是存储于文件系统中的**数据和元数据**，如图 14.2 所示。

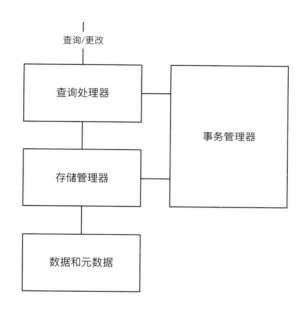

图 14.2　一个典型的关系型数据库系统中的组件

尽管 SQLite 在实现各个组件时稍有不同[1]，但是从概念上来讲并没有改变。

查询处理器

我们先来快速地讲解一下数据库是如何使用 SQL 语言的。当我们将 SQL 语句发送给数据库时，**查询处理器**会接收这些语句并且将它们转变成一系列之后会在存储的数据上被执行的请求和操作。

查询处理器的一个重要任务就是优化查询：它会创建一个所谓的**查询计划** (query plan)，这个查询计划描述了用来获取数据的最佳方法。根据接收到的 SQL 语句以及是否存在索引，查询处理器最终会决定使用索引是否能够真正带来好处。

[1] *https://www.sqlite.org/arch.html*

存储管理器

存储管理器管理着文件系统中的数据存储、页面缓存 (page cache) 所使用的内存，以及这两者之间的交互。

SQLite 使用文件系统的方式是非常复杂的，其复杂性远远超过了本章所要讨论的范围。存储管理器所扮演的角色就是管理数据的存储和获取。它大大地简化了数据的存储，从而使得我们可以简单地假设数据是以相等大小页面的形式存储在文件中的。SQLite 还会将其中某些页面保存在内存中。这就是 SQLite 的页面缓存。

事务管理器

SQLite 是一个事务化 (transactional) 的数据库。事务化的特性保证了一个事务中所包含的所有改动要么一次性全部提交，要么就完全不提交任何改动。SQLite 依赖于一系列的 ACID[1] 属性来实现这个特性，ACID 能够保证所有改动和查询的原子性 (Atomicity)、一致性 (Consistency)、隔离性 (Isolation) 和持久性 (Durability)。

Core Data 使用事务来保证调用上下文的 save(_:) 方法也具有事务化的特性。

就像我们上面提到的那样，一个事务能够保证被完整地提交到数据库或是完全不被提交。如果发生错误——甚至是崩溃或者断电——而导致提交失败，数据库仍然会保持不变，就好像整个事务完全没有发生过一样。

这是 SQLite 数据库一个很重要的方面：即使是应用崩溃，或者是内核崩溃，又或是停电，数据库仍然会保持不变。所有这些意外状况都不会破坏数据库。

事实上，唯一可以破坏一个基于 SQLite 的 Core Data 数据库的方法是直接在数据库文件上进行操作。这就是为什么你必须要使用 Core Data 的 API 来移动或是复制一个数据库。

数据和元数据

数据库的最后一个组件就是它的数据和元数据，也就是储存在数据库中的那些东西。这些实际数据，还有数据库中的内容，以及像是数据库的结构和索引等元数据都会被持久化存储到文件系统中。

数据库的结构定义了数据库中有哪些表、这些表的名字，以及每一张表所包含的属性和属性的名字。这些数据也都保存在了数据库文件中。

---

[1] https://en.wikipedia.org/wiki/ACID

我们会在下面简单地介绍一下索引。它们能够提升查询数据库的速度并且这些索引也是存储在数据库文件中的。

14.4 数据库语言 SQL

假如在我们的数据库中有下面这张表，表的名字叫 **Movie**：

id	title	year
1	City of God	2002
2	12 Angry Men	1957
3	The Shawshank Redemption	1994

我们可以这样来简单地查询数据库：

SELECT id, title, year FROM Movie WHERE year = 1994;

这个查询会返回一个含有 **The Shawshank Redemption** 的多元组 (tuple)：

3 | The Shawshank Redemption | 1994

绝大多数简单的 SQL 查询都是使用 SELECT、FROM 和 WHERE 这三个关键词来构建的。查询中指定了哪些属性需要被获取 (id, title 和 year)，从哪张表中获取 (Movie)，以及需要匹配哪些条件。如果我们想知道哪些电影是 2000 年之前拍摄的，那么我们可以执行下面这个查询：

SELECT id FROM Movie WHERE year < 2000;

然后我们会得到这样一个结果：

2
3

同样地，我们也可以请求所有的属性：

SELECT id, title, year FROM Movie WHERE year < 2000;

这个查询会得到下面这个结果：

```
2 | 12 Angry Men              | 1957
3 | The Shawshank Redemption  | 1994
```

或者，我们可以通过一个特定的 id 来获取相应的记录：

```
SELECT id, title, year FROM Movie WHERE id = 3;
```

这样做我们会得到：

```
3 | The Shawshank Redemption | 1994
```

这个例子中的 id 属性是表的**主键**，它和 Core Data 创建的对象标识符相对应。通过对象的 id 来获取一个单独的对象对应着在 Core Data 里从 SQLite 中填充惰值的操作。id 等价于 Core Data 中对象的标识符。只获取 id 的值在 Core Data 中对应的是在获取请求上使用批量获取 (fetch batch size)。

排序

我们可以使用 ORDER BY 来让数据库对查询结果进行排序：

```
SELECT id, title, year FROM Movie WHERE year > 1990 ORDER BY year;
```

这样做我们会得到下面这个结果：

```
3 | The Shawshank Redemption | 1994
1 | City of God              | 2002
```

通过 year 来排序，但是仅获取 id 属性也是可以的：

```
SELECT id FROM Movie WHERE year > 1990 ORDER BY year;
```

```
3
1
```

对于大型的数据集，我们可以在表中某个特定的属性上添加一个索引。这么做的话，当数据库使用这个属性进行排序或者查询时会变得非常高效。

当我们在获取请求上设置排序描述符时，Core Data 会在生成的 SELECT 语句中添加一个相应的 ORDER BY 语句。这样一来，那些繁重的排序工作就会由数据库来完成，这比起从数据库中拿到数据然后再进行排序要更高效。当我们在获取请求上设置**批量获取大小**时，Core Data 可以获取一个只包含对象标识符的列表，而这个列表也已经通过排序描述符进行了排序。

14.5 关系

实现关系的方法有很多种。我们主要会讲解这三种关系———一对一、一对多以及多对多——接着我们会从概念上来看一下 Core Data 是如何处理这几个关系的。

一对一关系

我们可以基于 id 来创建一个一对一关系，id 在 Core Data 中对应的是**对象的标识符**。假如我们有一个用来保存图片的 **Image** 表：

id	url	width	height
1	http://www.imdb.com/images/12.jpg	67	98

如果我们想要创建一个一对一的关系从而使得每一部电影都能有一个**封面图片**，那么我们需要同时在 **Image** 表和 **Movie** 表中添加一个新的列或者属性。然后分别将其命名为 **titleImage** 和 **titleImageOf**：

id	title	year	titleImage
2	12 Angry Men	1957	1

id	url	width	height	titleImageOf
1	http://www.imdb.com/images/12.jpg	67	98	2

现在我们需要保证当更新或是删除 Image 表或 Movie 表中的任何一条记录时，这个关系所对应的另一边也需要做相应的操作。举一个例子，如果我们在 Image 表中删除了 id 为 1 的那条记录，那么我们需要找到 Movie 表中那条相应的记录并且删除它的 titleImage 属性。

这就是 Core Data 实现一对一关系的方式。

一对多关系

一对多关系和一对一关系比起来稍有不同。如果想要把多个 Image 记录关联到一个 Movie 上，我们是没有办法为这个特定 Movie 记录添加一个关联到所有这些 Image 记录的反向引用的。

但是，我们可以为每一个 Image 记录添加一个 movie 属性：

id	url	width	height	movie
1	http://www.imdb.com/images/12-a.jpg	67	98	2
2	http://www.imdb.com/images/12-b.jpg	67	94	2
3	http://www.imdb.com/images/12-c.jpg	67	94	2
4	http://www.imdb.com/images/CoG-a.jpg	72	102	1

根据一个特定的 image 来查询相应的 movie 在实际应用时并不是很重要。但是我们可以很容易地像下面这样通过一个特定的 Movie 记录来查找其关联的所有 Image 记录的 id：

```
SELECT id FROM Image WHERE movie == 2;
```

上面这个查询会得到这个结果：

1
2
3

这就是 Core Data 实现一对多关系的方式。

多对多关系

最后来看一下多对多关系，我们无法通过在现有的表中添加属性的方式来实现多对多关系。因此，我们需要创建一张新的表。

我们来看一下这张名叫 **Person** 的表：

id	name
1	Sidney Lumet
2	Kátia Lund
3	Frank Darabont
4	Fernando Meirelles

假如我们需要在 **Movie** 表和 **Person** 表之间添加一个多对多关系，用来表示导演和电影。一部电影可以有多个导演，一个导演也可以对应多部电影。

我们可以创建一张名叫 **Director** 的表来达到这个目的，其中包含了下面这些记录：

movie	director
1	2
1	4
2	1
3	3

我们可以用下面这个查询来获取 **City of God** 这部电影的导演：

```
SELECT p.id, p.name FROM Person p JOIN Director d ON p.id == d.director
WHERE d.movie = 1;
```

基于 **Person** 表的 **id** 和 **Director** 表的 **director** 属性，我们使用了 JOIN 这个关键词将这两张表关联起来。然后，我们使用 SELECT 关键词在关联的结果中进行查找，去寻找那些所对应的 **Director** 表中 **movie** 属性为 1（也就是 **City of God**）的电影。

这就是 Core Data 实现多对多关系的方式。

14.6 事务

我们在上面已经提到了，SQLite 实现了一个事务化的数据库引擎，这意味着在某个事务中的所有语句要么全部成功，要么全部失败。Core Data 利用这个特性将 save(_:) 的调用变得事务化。它会在一系列更改数据库的语句前添加 BEGIN EXCLUSIVE 然后在它们后面添加 COMMIT。这样一来，这些语句就组合在一起成了一个事务。

所有的更改都会被插入到这两个关键词之间。由于这是一个独占事务，所以它必须取得一个锁。在 BEGIN EXCLUSIVE 和 COMMIT 的语句被全部处理完成之前，其他的数据库连接都无法执行任何的写入操作。

14.7 索引

为了搜索特定的记录，或是通过特定的属性来排序返回的结果，SQLite 必须查找数据库中所有的记录。不过要是在特定的属性上有一个索引的话，那么情况就有所不同。

索引可以提升从数据库获取数据时的性能。这样的性能提升所带来的牺牲是数据库文件会变得更大，同时会使得对数据库的更改 (插入、更新、删除) 变得更昂贵，因为这些操作会更新索引。

SQLite 允许在单独的属性或是多个属性的组合上添加索引。

来看看下面这个例子：

CREATE INDEX MovieYear ON Movie (year);

这里，数据库会在 **Movie** 表的 **year** 属性上创建一个索引，之后对 **Movie** 表进行的所有更改都会导致这个索引自动更新。

我们在第 13 章里详细地介绍了如何来确定你的数据库是否需要添加索引，以及添加哪些索引。SQLite 可以打印出查询处理器为某个特定的 SELECT 语句所创建的那个查询计划。这个查询计划会显示是否使用了索引，以及如果使用了索引，则具体使用了哪些索引。

14.8 日志

Core Data 创建的 SQLite 数据库的日志默认使用 Write-Ahead Logging (WAL)[1] 来实现。日志使得数据库中的数据不会被损坏，除非你使用 Core Data (或 SQLite) 所提供的那些 API 之外的方法来操作数据库文件。

---

[1] *https://www.sqlite.org/draft/wal.html*

WAL 日志的实现使得针对日志的读和写操作可以同时执行：读操作并不会阻塞写操作，反之亦然。在 Core Data 中使用多个持久化存储协调器时 (就像在第 8 章里讲的那样)，甚至或者是当使用多个进程访问同一个数据库时，其背后的行为就与 WAL 日志有关。

当使用一个有 WAL 日志的数据库时，在文件系统中会有额外的两个文件：一个 "-wal" 文件和一个 "-shm" 文件。它们是用来实现日志的。

使用 WAL 日志要注意的是，大型的提交 (多于 100 MB 的数据) 相对来说会比较慢。不过当使用 Core Data 时，这不会是一个问题，因为大型提交意味着保存一个大型的 Core Data 改动集合。你应该要避免这样的操作，因为这么做会导致更大的内存占用，这和是否使用了 WAL 日志无关。

我们也可以让 SQLite 使用其他的日志方式。我们已经在第 6 章讨论过了这个话题。

14.9 总结

这一章里，我们介绍了在 SQLite 数据库中，数据是如何被组织成不同的表的。每张表都非常简单，表之间的关系必须通过一个指向另一张表的**主键**的属性来建立。我们还介绍了数据库的四个不同的组件：**查询处理器**、**事务管理器**、**存储管理器**以及**数据和元数据**。最后我们提到了，SQLite 确保了数据库的 ACID 属性：数据库是事务化的，并且错误或崩溃并不会造成数据损坏。